# Verfahren und Einrichtungen zum Tiefbohren

## Kurze Übersicht über das Gebiet der Tiefbohrtechnik

Von

**Paul Stein**

Zweite, gänzlich umgearbeitete Auflage

Mit 20 Textfiguren und 1 Tafel

Springer-Verlag Berlin Heidelberg GmbH 1913

ISBN 978-3-662-31786-0         ISBN 978-3-662-32612-1 (eBook)
DOI 10.1007/978-3-662-32612-1

Alle Rechte, insbesondere das der
Übersetzung in fremde Sprachen, vorbehalten.

**Additional material to this book can be downloaded from http://extras.springer.com**

## Vorwort zur zweiten Auflage.

Der diesem Schriftchen zugrunde liegende Vortrag[1]) hatte zum Zweck, einer Versammlung von Fachgenossen, welche nicht Tiefbohrleute waren, das Wesentlichste über die verschiedenen Methoden und Einrichtungen vorzuführen, welche dazu dienen, Tiefbohrungen nieder zu bringen. Der geringe Zeitraum eines einzigen Vortrages veranlaßte dabei, von Spezialzwecken, wie es besonders Bohrungen zur Herstellung von Bergwerksschächten sind, ganz abzusehen, sondern bloß die eigentlichen Tiefbohrungen im engeren Sinn zu behandeln, die vor allem zur Gewinnung von Erdöl und Wässern, ferner zur Erschürfung von Kohlen, Salzen und Erzen dienen. Aus dem gleichen Grunde mußte auch die Darstellung auf die eigentlichen Bohr- und Arbeitsstücke, sowie auf deren obertägigen Antriebsorgane beschränkt bleiben, und auch hierbei war es nur möglich, eine Anzahl wichtigster Formen aus der Menge herauszugreifen.

Wenn demnach diese Schrift, gerade ihrer Kürze wegen, sich als geeignet erweist, um sowohl Fachleuten als Laien eine rasch orientierende Übersicht und Einführung in das Gebiet des Tiefbohrens zu geben, so ist der praktische Zweck erreicht, welcher der Herausgabe zugrunde liegt.

Bei der Neu-Auflage dieser Broschüre wurde diese dem augenblicklichen Stand der Tiefbohrtechnik entsprechend umgearbeitet und ergänzt, wodurch auch eine Erweiterung ihres Umfanges stattgefunden hat.

---

[1]) Gehalten 1905 im Verein deutscher Ingenieure zu Berlin.

Haarlem (Holland), 1913.

**Der Verfasser.**

# Inhaltsverzeichnis.

|  | Seite |
|---|---|
| Einteilung der Tiefbohrungen nach ihrem Arbeitszweck . . . | 1 |
| Allgemeines über den Antrieb der Bohrungen und deren Einteilung nach Arbeitsmethoden . . . . . . . . . . . . . | 2 |
|     A. Drehbohrung . . . . . . . . . . . . . . . . . . . | 6 |

Trockendrehbohrung — Spüldrehbohrung mit Stahlbohrern — Rotations-Spülkernbohren mit Stahlkrone, mit Diamantkrone (Diamantbohrung) und mit Schrotkrone.

|  |  |
|---|---|
|     B. Stoßbohrung . . . . . . . . . . . . . . . . . . . | 14 |
|         I. Seilbohren . . . . . . . . . . . . . . . . . | 16 |
|         II. Gestänge-Stoßbohren . . . . . . . . . . . . | 18 |

Steifes Trockenstoßbohren von Hand — System Fauvelle — Kanadische Bohrung — Freifallbohrung — Schnellschlagbohrung (mit Seilschlagbohrung).

| Allgemeines über Bohrpersonal, über Stratigraphen, über Kombinierung verschiedener Systeme, Verrohrung und Förderwerke . . . . . . . . . . . . . . . . . . . . . . . . . | 29 |
|---|---|
| Über Fangarbeiten, Schiefbohren und Lotapparate . . . . . . | 32 |

# Einteilung der Tiefbohrungen nach ihrem Arbeitszweck.

Unter Tiefbohrungen sind im Nachfolgenden, soweit nichts anderes besonders erwähnt ist, Bohrungen vertikal nach abwärts verstanden. Sie lassen sich ihrem Zwecke nach in drei Hauptgruppen teilen:

1. **Bohrungen zum Aufsuchen von Lagerstätten und zur Feststellung ihrer Ausdehnung, Reichhaltigkeit und Lage behufs späterer bergmännischer Gewinnung, sogenannte Schürfbohrungen.** Auch Grunduntersuchungen zum Zwecke der Ausführung von Bauten gehören zu dieser Gruppe; sie sind allerdings von geringerer Tiefe und Bedeutung, während die Tiefe der Schürfbohrungen durch jene des wirtschaftlich noch lohnenden Abbaues bedingt wird, die gegenwärtig nur ausnahmsweise über 1200 bis 1300 m hinausgeht. Dem steht die größte bisher erreichte Tiefe derartiger Schürfbohrungen mit 2240 m (Czuchow, Oberschlesien) gegenüber. Der Enddurchmesser dieser Bohrungen kann zuweilen bis zu der äußersten Grenze von 30 mm herabgehen; der Anfangsdurchmesser beträgt meistens nicht mehr als 400 mm. Bis auf einige hundert Meter Erstreckung können sowohl Schürf- als auch Hilfsbohrungen für den Bergbau (vgl. 3.) auch schräg, horizontal oder nach aufwärts ausgeführt werden, jedoch nicht unter allen Verhältnissen und nur mittels Rotationsbohrung.

2. **Bohrungen zur Aufsuchung und gleichzeitigen Gewinnung von Mineralien.** Hierher gehören die Bohrungen nach flüssigen und gasförmigen Substanzen (Petroleum, Wasser, Erdgas usw.). Die Kosten der Hebung dieser Substanzen, sofern sie nicht durch hydrostatischen oder Gasdruck von selbst aufsteigen, bestimmen die wirtschaftliche Tiefengrenze. Erfahrungsgemäß findet jedoch mit wachsender Tiefe immer mehr ein selbsttätiges Aufsteigen statt, und dann sind vor allem die Kosten des Bohrloches im Verhältnis zum Werte des daraus Gewinnbaren für die wirtschaftliche Tiefengrenze maßgebend. Derartige Bohrungen, und zwar nach Erdöl,

sind bereits sowohl in Amerika als in Galizien bis über 1500 m Tiefe hinabgekommen. Der Enddurchmesser ist abhängig von der Gewinnungsfrage. So hat z. B. ein 700 m tiefer artesischer Brunnen zur Wasserversorgung von Paris einen Enddurchmesser von mehr als einem Meter. Für die Petroleumbohrlöcher in Amerika und Galizien, aus denen das Öl, soweit es nicht von selbst aufsteigt, mit Pumpen gewonnen wird, genügt meist ein Enddurchmesser von 90 bis 150 mm. Dagegen ist es für die teilweise schon bis 600 m Tiefe reichenden Ölbohrungen Bakus und Rumäniens meist erforderlich, mit Durchmessern von 200 bis 300 mm und mehr fündig zu werden, da nicht genügend Öl gewonnen werden könnte, wenn nicht der Raum für die Verwendung hinreichend großer Schöpfgefäße vorhanden ist. Wegen des starken, das Funktionieren von Bohrlochpumpen störenden Sandgehaltes der Öl führenden Schichten muß das Öl hier nämlich durch Schöpfbetrieb gewonnen werden. Diese Bohrungen werden daher mit bis 700 mm weiten Rohrtouren begonnen.

3. Hilfsbohrungen für den Bergbau selbst, also besonders für Wetterführung, Wasserableitung in tiefere Baue, für die Herstellung der Frostmauer bei Gefrierschächten, sowie das Abbohren der Schächte selbst mit Durchmessern bis über 5 m. Zur Ausführung dieser Gruppe von Bohrungen, zu der auch solche zu zählen sind, welche zur Trockenlegung versumpfter Gegenden durch Ableitung der Grundwasser in tiefere Schichten dienen, werden meist besonders konstruierte Apparate verwendet, auf welche im nachstehenden nicht besonders eingegangen werden kann.

# Allgemeines über den Antrieb der Bohrungen und deren Einteilung nach Arbeitsmethoden.

Die Arbeitsbewegung muß dem Bohrer stets über Tage bzw. vor der Bohrlochöffnung erteilt werden, derart, daß die der jeweiligen Bohrlochtiefe entsprechende Verbindung des Bohrers mit dem Antrieborgan die Bewegung mitmachen muß. Diese Verbindung besteht zuweilen aus einem Seil, in allen anderen Fällen aber aus einem steifen Gestänge, das aus einzelnen, fast ausnahmslos durch Verschraubung verbundenen Stangen zusammengesetzt wird.

Mit dem Anwachsen des Gestänges wird naturgemäß der Wirkungsgrad der Bohrarbeit geringer, und in dem mitzubewegenden Gewicht und der beschränkten Widerstandsfähigkeit sowie den hieraus entstehenden Unfällen liegt, wie der verstorbene Leiter des preußischen fiskalischen Bohrwesens Köbrich sagte, der Todeskeim für jede tiefe Bohrung. Das lange zu bewegende Zwischenglied, das Gestänge, gestattet nur eine begrenzte, mit der Tiefe stetig abnehmende Arbeitsmenge zur Bohrsohle zu senden, die z. B. bei 1000 m Tiefe und etwa 5 Zoll Durchmesser kaum über 3 Pferdestärken gebracht werden kann. Seit Jahrzehnten ist man darum schon bestrebt, einen praktisch brauchbaren Bohrapparat zu finden, bei dem der Bohrimpuls bei ruhig hängendem Gestänge vor Ort des Bohrloches wirken kann. Von den vielfachen hierfür erdachten Konstruktionen ist nur eine einzige in ein wirklich ernstes Arbeitsstadium getreten, und das ist Wolskis hydraulischer Bohrwidder, der auf der Stoßausnutzung des sonst so schädlichen Wasserschlages einer bewegten und plötzlich zum Stillstand gebrachten Wassersäule beruht. Obwohl nun dieser genial erdachte Apparat bei einer Anzahl von Tiefbohrungen teilweise sehr günstige Resultate aufwies, vermochte er doch nicht, sich den Gestänge-Bohrapparaten gegenüber schon dauernd durchzusetzen, so daß die Praxis, wenigstens bis auf weiteres, leider auf seine Anwendung zu Tiefbohrungen zunächst noch verzichten mußte.

Obwohl alle tieferen Bohrungen **maschinell** betrieben werden, spielt doch der **Handbetrieb** für Tiefen bis 300 m, ausnahmsweise auch darüber hinaus, noch eine ansehnliche Rolle und ist oft, besonders in entlegenen Gegenden, wirtschaftlich vorteilhafter und zuweilen gar nicht zu umgehen. Bei der maschinellen Bohrung werden verschiedene Arten von Motoren benutzt. Allerdings entspricht kein Motor so vollständig allen Anforderungen des Bohrbetriebes als die **Dampfmaschine**, die daher im allgemeinen dieses Gebiet noch immer beherrscht. Die Bohr-Dampfmaschinen oder Lokomobilen sind kräftig gebaut, besitzen gekröpfte Kurbeln, meist einfache Schieber, häufig Umsteuerung und gewöhnlich eine Stärke bis zu 30, bei großen Tiefen und Durchmessern auch noch bedeutend mehr Pferdestärken. Auf Ölgruben wird vielfach mit **Benzin**- und **Gasmotoren** unter Verwertung der dem Boden entströmenden Erdgase gebohrt. Fahrbare Motore dieser Art, also Explosionsmotore, sind auch in vielen Fällen die geeignetsten Antriebsmaschinen für Schürf- und Gewinnungsbohrungen zu anderen Zwecken. — Ein immer weiteres Feld, namentlich auf den Erdölgebieten, gewinnt ferner der **elektrische Antrieb**, so daß der Kraftbedarf z. B. der deutschen, rumänischen und russischen Erdölfelder immer mehr von großen dort errichteten elektrischen Kraftzentralen aus gedeckt wird. Außer der daraus erwachsenden Kohlenersparnis spielt besonders auch die Verringerung der Feuersgefahr hierbei eine bedeutende Rolle, die der Dampfbetrieb durch seine Kesselfeuerstellen auf den Ölfeldern mit sich bringt.

Das Bohren erfolgt drehend oder stoßend. Beim Stoßen muß der Bohrer während des Schlagens gedreht werden, um die ganze Bohrlochsohle zu bearbeiten. Dieses Umsetzen wird beim Tiefbohren aus gutem Grunde ausschließlich von Hand besorgt.

Die Aufbringung des abgebohrten Materials geschieht, soweit es nicht in den Bohrer eintritt und mit ihm zusammen zutage gefördert wird, auf zweierlei Art. Bei der sogenannten Trockenbohrung wird der Bohrschlamm zeitweise durch ein am Seil oder Gestänge eingelassenes Rohr mit Fußventil (Schlammbüchse, Löffel) aufgebracht, nachdem der Bohrer herausgezogen ist. Jedoch ist auch beim Trockenbohren stets eine gewisse Menge Wasser im Bohrloch notwendig, um das Bohrmehl in Schlamm zu verwandeln; andernfalls würde es seiner Herausbeförderung sowie dem Bohrbetriebe zu große Schwierigkeiten bereiten.

In ganz lockerem Gebirge (Sand, Kies) ist das vorhergehende Lösen des Gebirges durch den Bohrer entbehrlich; der am Seil oder Gestänge wirkende Löffel (Ventilbohrer) wirkt zugleich als Bohrstück, weshalb diese Bohrweise aus dem nachfolgenden Schema der Bohrmethoden weggelassen ist.

Beim Spülbohren wird die Heraufbeförderung des Bohrmehls stetig während des Bohrens durch einen Wasserstrom bewirkt, den eine Pumpe liefert. Es stehen Hand-, Riementriebs- und Dampfpumpen (meist Duplex-Pumpen) in Anwendung. Je nach der Größe der Bohrlöcher werden Wassermengen von 100 bis 500 l pro Minute eingespült, die über Tage in Klärbassins das Bohrmehl absetzen und gereinigt von neuem den Kreislauf antreten. Der für die Schlammhebung und die Reibungsüberwindung erforderliche Wasserdruck steigt bei tiefen Bohrungen auf 15 und mehr Atm. Wenn möglich hält man den Antrieb der Spülpumpe unabhängig von demjenigen des Bohrapparates.

Man unterscheidet direkte Spülung, bei der durch das Hohlgestänge abwärts gespült wird, und umgekehrte (indirekte) Spülung, bei der das Wasser den umgekehrten Weg macht. Letztere ergibt im engeren Gestängerohr eine große Steiggeschwindigkeit, spült daher weit kräftiger, ist aber aus Gründen, deren Aufführung zu weit führen würde, in ihrem Anwendungsgebiet beschränkter als die direkte Spülung. Der Arbeitsvorteil, den die Spülung durch unvergleichlich größere Bohrleistungen gegenüber der Trockenbohrung in der Mehrzahl der Fälle gewährt, ist nicht allein maßgebend. Die Spülung kann sogar Nachteile mit sich bringen, wenn sie nicht bei schwerem Gebirge genügend wirksam zur Sohle gelangt, um diese vollständig zu reinigen. Dagegen bricht sich die Erkenntnis immer mehr Bahn, daß die Spülung für die Erreichung des Bohrzweckes, die Feststellung der Lagerstätte, äußerst wichtig und vorteilhaft ist. Beim Schürfbohren ist sie notwendig, um entweder Kerne in genügendem Maße zu gewinnen, oder durch die zutage tretende Trübe (bei umgekehrter Spülung binnen wenigen Minuten nach Anschlagen) den Fund bzw. Schichtenwechsel wahrzunehmen. Beim Bohren durch Flüssigkeiten gestattet sie durch das Maß ihres Ausbleibens ein Urteil über die Ergiebigkeit der Lagerstätte. Im letzterem Falle ist es häufig angezeigt, mit Trockenbohrung weiter zu bohren, und die Kombination mit dieser ist überhaupt vorzusehen, wo sie nicht durch bekannte Gebirgsverhältnisse überflüssig wird. Gleichwohl werden reichlich $90^0/_0$ des auf der Erde gewonnenen Rohöls noch durch Trockenbohrung erbohrt. Allerdings dringt allmählich auch in dieses Gebiet die Spülbohrung erfolgreich ein. Das Gebiet des Schürfbohrens dagegen wird bereits so gut wie vollständig von den mit Spülung arbeitenden Bohrsystemen beherrscht.

Manchmal wird auch vorteilhaft sog. **Dickspülung**, mit absichtlich schlammigem Wasser angewendet, um beim Durchbohren lockerer, sonst unhaltbarer Schichten durch künstlichen Tonzusatz die Bohrlochwandungen vor Zusammensturz zu schützen. Ferner wird in Salzlagern statt mit Wasser mit gesättigter Lauge oder Sole gespült.

Dreh- und Stoßbohren, Seil- und Gestängebohren, ferner Spül- und Trockenbohren sind die unterscheidenden Merkmale, nach denen das folgende Schema der wichtigsten bestehenden Bohrmethoden eingeteilt ist.

**Einteilung der Bohrverfahren.**

A. **Drehbohrung:**
  I. trocken
  1. mit Stahl-Hohlbohrern, nur Handbetrieb;
  2. mit Stahl-Bohrern, Hand- und Kraft-Betrieb;
  II. spülend
  3. Diamantbohrung, maschinell, in kleinstem Durchm. auch von Hand.
  4. Schrotbohrung, als Ersatz für Diamantbohrung in hartem, für diese ungünstigem Gebirge.

B. **Stoßbohrung:**
  I. am Seil, besonders
  5. pennsylvanische Seilbohrung, nur maschinell;

II. am Gestänge.

a. steif { α. trocken
β. spülend

6. steifes Stoßbohren, von Hand;
7. System Fauvelle; „ „
8. Schnellschlagbohrung, vor allem Kraftbetrieb;

b. mit Schere

9. kanadische Bohrung, maschinelle Rutschscheren-Trockenbohrung;
10. Freifallbohrung, trocken und mit Spülung, Kraft- und Handbetrieb.

Nachstehend soll nunmehr in kurzen Worten eine Charakterisierung der einzelnen Bohrmethoden unter Vorführung einzelner wichtiger Einrichtungen folgen.

## A. Drehbohrung.

Die Drehbohrung ist von beiden Arbeitsweisen entschieden die vollkommnere. Sie wirkt ununterbrochen in der Weise, daß die Lösung der einzelnen Gebirgsteilchen geringerem Widerstand begegnet als beim Schlagen; die Arbeit ist ruhiger, der Arbeitswiderstand im Wasser nur gering gegenüber dem Stoßbohren, bei dem stets eine pulsierende Wasserverdrängung eintritt. In Tiefen über 800 bis 1000 m hinaus sind ihre Leistungen denjenigen der Stoßbohrung immer mehr überlegen und sie gelangt dann (Diamantbohrung) beim Schürfbohren immer mehr zur alleinigen Anwendung. Das Bohrloch wird ferner beim Drehbohren genau zylindrisch, weicht aber anderseits leichter von der Vertikalen ab, als beim Stoßbohren.

Trockendrehbohrung. Trocken ist das Drehbohren nur möglich mit Bohrern, die das Gebirge in sich aufnehmen, da sich sonst der Bohrer in dem sich auf der Bohrlochsohle ansammelnden Bohrmehl festklemmt. Die bekanntesten Bohrstücke sind Schappe, Spiralbohrer, Schneckenbohrer, Ventildrehbohrer usw.; sie werden in leichtem Gebirge angewendet und sind in geringen Tiefen, bei denen der Zeitverlust für das jedesmalige Ziehen und Einlassen des Gestänges weniger in Betracht kommt, oft immer noch die geeignetsten Bohrapparate. Ihr Antrieb erfolgt fast ausschließlich von Hand.

Spüldrehbohrung mit Stahlbohrern. Sie ist ebenso wie die Trocken-Drehbohrung auf Gebirgsschichten beschränkt, die sich ohne zu starke Abnutzung des Stahles schneiden lassen. Eine Schrämwirkung, ähnlich der bei der Brandtschen Bohrmaschine, die auch das Durchbohren harten Gebirges gestatten würde, ist beim Tiefbohren schon deshalb nicht möglich, weil sich die erforderliche Pressung der Krone gegen die Sohle und die daraus resultierende große Drehkraft nicht durch das lange Gestänge übertragen lassen. Dagegen wirken stählerne Spüldrehbohrer in mildem Gebirge ausgezeichnet. So werden z. B. die zahlreichen artesischen Brunnen in der ungarischen Tiefebene mit dem gleichzeitig unter der Verrohrung erweiternden Flügelbohrer (Fig. 1) von Hand auf Tiefen bis 500 m niedergebracht. Die in Fig. 2 dargestellte Spülschappe wird in Verbindung mit umgekehrter Spülung u. a. zur Durchbohrung diluvialer Kieslager erfolgreich angewendet.

Fast identisch der im nachstehenden beschriebenen Anordnung des Diamantbohrers ist der **Stahlkronen-Kerndrehbohrer**. Es wird nur die Diamantkrone durch eine gezahnte Stahlkrone ersetzt, wie dies z. B. auch beim englischen „Callyxdrill"-Bohrsystem der Fall ist. Neuerdings werden zweckmäßigerweise auch auswechselbare Schneidzähne aus Spezialstahl in geeigneter Weise in die Kronen eingesetzt. In härterem Gebirge versagen jedoch alle Stahlkronen, die dann nur für zeitweise Kerngewinnung in minder harten Schichten angewendet werden können.

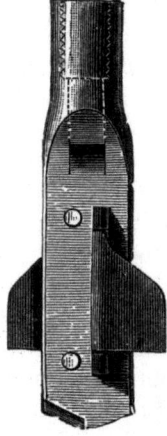

Fig. 1. Flügelbohrer nach Trauzl & Co.

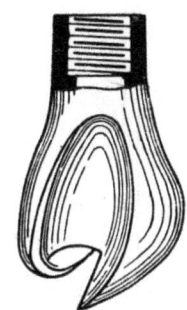

Fig. 2. Spülschappe.

**Diamantbohrung.** Die vollendetste Art des Spüldrehbohrens und des Bohrens überhaupt ist die Diamantbohrung. Der Diamantbohrer besteht aus einem Hohlzylinder, der mit Bohrdiamanten an seiner unteren Stirnfläche besetzt ist und zur Arbeitsleistung in möglichst rasche Umdrehung versetzt wird. Sein Druck gegen das Gestein ist nur mäßig und wird durch Ausbalancierung des Gestänges, das nach Maßgabe des Bohrfortschritts automatisch nachsinkt, reguliert. Fig. 3 zeigt das Schema der Anordnung einer Diamantbohrung.

Die Bohrkrone wirkt schleifend, verwandelt das losgelöste Material in feines Mehl, das sich im aufsteigenden Spülstrom vollständig suspendiert, und läßt einen Gesteinskern stehen, der beim Anheben der Krone selbsttätig durch einen Federring oder auf andere Weise abgerissen und im Kernrohr zutage gehoben wird.

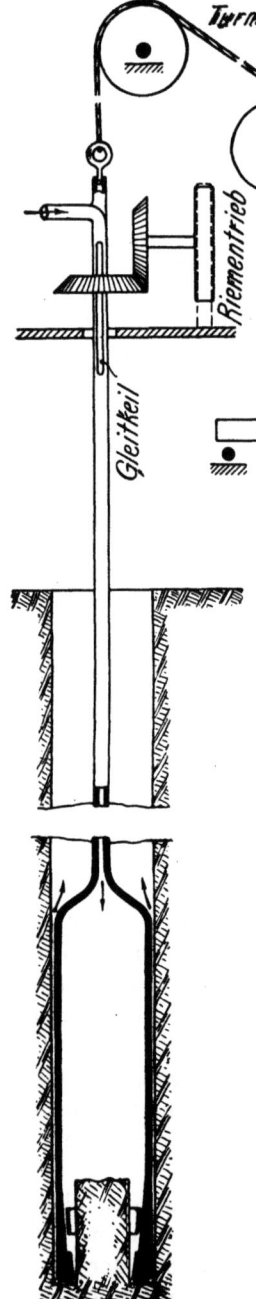

Fig. 3. Schematische Darstellung der Diamantbohrung.

Dadurch gewinnt man eine Kenntnis des durchbohrten Gebirges, wie sie in ähnlich vollkommener Weise bei keiner anderen Methode möglich ist. In kernfähigem Gebirge macht die Länge der gelieferten Kerne meist 80 bis 100 % der durchbohrten Mächtigkeit aus. Die Diamantbohrung gestattet ferner den kleinsten Bohrlochdurchmesser. Zu Schladebach hat Köbrich in 1748 m Tiefe bei 31 mm Enddurchmesser noch 12 mm starke Kerne erbohrt, die einen vollständig deutlichen Gebirgsaufschluß gaben, und schon im Jahre 1893 hat er die im vorigen Jahrhundert tiefste Bohrung der Erde, Paruschowitz V in Oberschlesien, auf 2003 m Tiefe mit Diamantbohrung niedergebracht. Dabei betrug der mittlere Tagesfortschritt, bezogen auf die ganze Teufe, immer noch 5 m.

Durchschnitts-Stundenleistungen der Diamantbohrung sind z. B. im Salz und Anhydrid 3 m bei 10 bis 13 cm Durchmesser, in mittelhartem Kalkstein 40 bis 50 cm, in Quarz und Diorit 15 bis 20 cm bei 30 bis 40 mm Durchmesser.

Die Diamantbohranlage Köbrichs, die er mit Freifallbohrung vereinigt hatte, ist noch heute typisch und sehr verbreitet. Sie ist aus Fig. 4 ersichtlich und charakterisiert sich durch einen auf Schienen in gewisser Höhe des Bohrturmes fahrbar angebrachten Rotationsapparat; dieser wird, z. B. vom Förderkabel aus, durch Riemen angetrieben und erteilt durch Kegelräder der Bohrspindel, in die das Gestänge geklemmt ist, die Drehung.

Die Gewichtsausgleichung erfolgt durch Aufhängen der Spindel am Bohrschwengel, an dessen anderem Ende die Gegengewichte zur Ausgleichung des Gestängegewichtes wirken.

Abweichend hiervon hat Thumann in Halle den Rotationsapparat an Ketten im Turm befestigt (Tafel I) und klemmt ihn

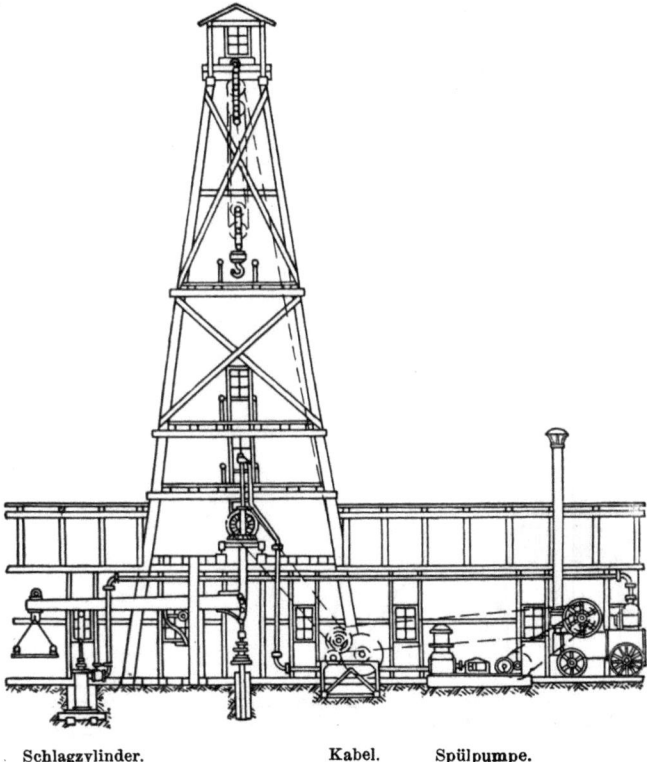

Schlagzylinder.   Kabel.   Spülpumpe.

Fig. 4. Köbrichs kombinierte Bohranlage für Freifall- und Diamantbohrung.

beim Drehen an eine besonders eingerichtete Turmbühne, wodurch der Einbau von Schienen entbehrlich wird. In Fig. 21 auf Tafel I bedeutet $R$ den an 4 Ketten $K$ hängenden Rotationsapparat, dessen Antriebscheibe von Dampfförderkabel $D$ aus angetrieben wird. Der Bohrschwengel dieser ebenfalls mit Stoßbohrung kombinierten Anlage, deren Anwendung zum Meißelbohren hier gleich mit beschrieben werden soll, ist zweiteilig. Die Achse $M$, an der der zweiarmige Unterschwengel $u$ hängt, ist zugleich Drehpunkt des einarmigen Oberschwengels $o$. Dieser wird beim Schnellschlagbohren mit kleinem Hub von der Antriebwelle $b$ durch die Treibstange $t$ betätigt, beim Freifallbohren mit großem Hub von der Vorgelegewelle $c$ durch die Treibstange $T$. Er überträgt die Bewegung durch das Federsystem $f$ auf den Unterschwengel, an dem mit Doppelkette das Bohrgestänge hängt und von der Wurmgetriebe-Nachlaßvorrichtung $n$ aus reguliert wird. $P$ ist eine Spül-Duplex-Dampfpumpe und $l$ die Spülwasserleitung, die zum Hohlgestänge führt.

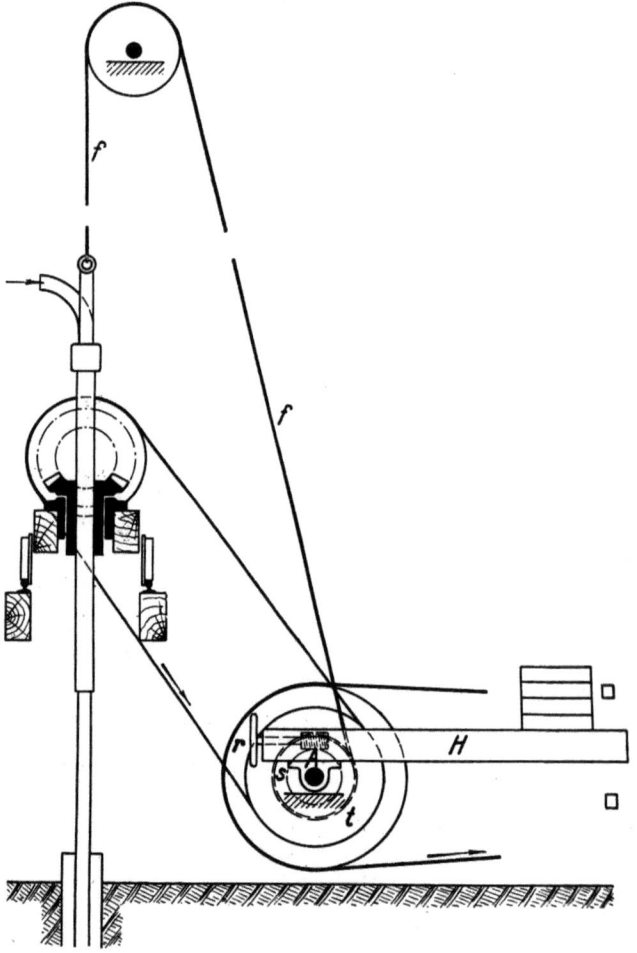

Fig. 5. Schematische Darstellung der Diamantbohranlage von Lapp.

Eine andere Anordnung zeigt die Diamantbohrung von Lapp in Aschersleben (Fig. 5). Bei dieser ist der Rotationsapparat auf Schienen beibehalten, aber der Bohrer hängt nicht an einem Schwengel, sondern mittels des Förderseiles $f$ an der Trommel $t$

der Winde, von der aus er eingelassen wird. Das Gegengewicht wirkt an einem auf der Trommelachse $A$ sitzenden einarmigen Hebel $H$, der beim Nachsinken des Gestänges durch das Schneckenradgetriebe $rs$ immer wieder in die horizontale Lage zurückgedreht wird. Durch Lösen der Kupplung zwischen Hebel und Trommelachse kann im Bedarfsfalle das Gestänge sofort um die ganze im Turm verfügbare Höhe angehoben werden, ein Merkmal, durch das sich diese Anordnung noch besonders von den oben beschriebenen Einrichtungen unterscheidet.

Eine andere Gewichts-Ausgleichung für Rotationsbohrung zeigt Fig. 6. Hier hängt das Gestänge mittels Kugellager $L$ an der beweglichen Seilrolle $Z$, über die das Tragseil $S$ geschlungen ist, das auch zugleich Förderseil sein kann. Dieses ist an der Nachlaß-(bzw. Förder-) Trommel $T$ wie gezeichnet durch Schneckenrad-Sperrung oder auf andere Weise festgehalten und trägt am anderen Ende die bewegliche Rolle $G$, über die ein zweites Seil $C$ gelegt ist, das die Gegengewichte $Q$ trägt. Wie ersichtlich, gleichen die Gegengewichte das Vierfache ihres Gewichtes an Gestängelast aus, steigen also viermal so schnell empor, als das Gestänge niedersinkt.

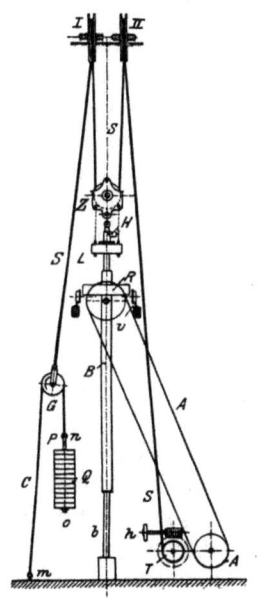

Fig. 6. Diamantbohranlage der vorm. Deutschen Tiefbohr-Akt.-Ges.

Die Bohrdiamanten existieren in verschiedenen Qualitäten, die sich äußerlich durch die Farbe unterscheiden und deren Wert je nach der Güte der Steine und der Marktlage für den Karat (gegen $1/4$ Gramm) bisher zwischen 30 und 200 Mark sich bewegte. Die wertvollsten und teuersten, in sehr hartem Gebirge allein anzuwendenden Bohrdiamanten sind die Carbons genannten schwarzen Steine. Alle Diamanten müssen von einem besonders geschulten und verläßlichen Bohrmeister oder Diamantensetzer einzeln mit aller Sorgfalt in die Bohrkronen eingestemmt werden. In vielen Fällen wird sich die Anwendung von sog. Disken empfehlen, das sind bereits fertig in Metall-Stifte eingesetzte Steine. Diese Stifte können leicht an der Bohrstelle in den hierfür vorgebohrten Bohrkronen befestigt und ebenso leicht von einer Krone in die andere umgesetzt werden. Für jeden Zentimeter Kronendurchmesser können im Durchschnitt 3 Karat Diamanten gerechnet werden, was für eine sechszöllige Krone schon einen Wert bis zu

8000 Mark darstellen kann. Man sucht schon aus diesem Grunde das Diamantbohren auf die kleineren Durchmesser, unter 6″, zu beschränken, aber auch da können die hohen Preise der Diamanten die Bohrkosten in ungünstigem Gebirge, namentlich in Quarzkonglomeraten, leicht ins Unerträgliche steigern.

Das in den letzten Jahren beim Tiefbohren mit vollständigem Erfolg in Aufnahme gekommene Schrotbohren hat hier willkommene Aushilfe geboten. Es bedient sich derselben Einrichtung wie die Diamant- oder Stahlkronen-Kernbohrung, nur werden als Bohrkronen einfache Stahlrohre verwendet, die den mit dem Spülwasser nach Bedarf zur Bohrsohle geleiteten Stahlschrot unter kräftigem Druck in Bewegung setzen, so daß dieser das Abschleifen des Gebirges an Stelle der Diamanten bewirkt. Hierbei muß mit schwacher Spülung gearbeitet werden, damit die Schrotkörner erst dann mit dem Spülwasser wieder nach oben getrieben werden, bis sie sich in feines Mehl zerrieben haben. Trotzdem ist dieses Schrotmehl so schwer, daß hier ein, auch beim Diamantbohren in größerem Bohrdurchmesser angewendetes Sedimentrohr stets vorzusehen ist. Es ist das ein auf die Kernrohre aufgesetztes oben offenes Rohrstück, in dem sich sowohl schwereres, in dem engen Zwischenraum zwischen Bohrloch und Kernrohren aufgetriebenes Bohrmehl als Nachfallstücke absetzen können.

Das Schrotbohren eignet sich gerade für dasjenige Gebirge, das den größten Verbrauch an Bohrdiamanten herbeiführt, nämlich harten und härtesten Stein, sowie harte Konglomerate, ist aber in klüftigem Gestein gar nicht, in weniger festen Formationen nur bedingt anwendbar.

Das Kernbohren mit Diamantkrone, Schrotkrone und gezahnter Stahlkrone kann man als Rotations-Spül-Kernbohren zusammenfassen. Durch die Anwendung der meist mit Stahlkronen arbeitenden Doppelkernrohr-Apparate kann man diese Bohrweise auch zur teilweisen Kerngewinnung aus milderen, weniger kernfähigen Lagerungen benutzen. Bei diesen Apparaten ist das innere Kernrohr leicht drehbar im äußeren Kernrohr aufgehängt und schützt den Kern vor dem Spülwasser, das zwischen beiden Kernrohren niederströmt. Außerdem soll das innere Kernrohr durch den Kern festgehalten, also an der Drehung gehindert werden, wodurch auch eine Abarbeitung des Kernes durch Reibung verhindert werden soll.

Ein Hindernis für noch weitergehende Anwendung der Rotations-Kernbohrung ist der Mangel eines rationellen Erweiterungsbohrers, der bei Nachfall der Bohrlochwände gestatten würde, die

Verrohrung mitzuführen, wie dies beim Meißelbohren möglich ist. Bis zu einem gewissen Grade läßt sich der durch die ruhiger arbeitende Drehbohrung hier ohnehin in viel geringerem Maße hervorgerufene Nachfall durch Verlängerung der Kernrohre bis über die Nachfallstelle hinaus bekämpfen. Oft wird aber in solchen Fällen das Bohren mit Diamantbohrern zu gefährlich. Das gleiche gilt bei Gasentwicklungen, die Sand in den engen Raum zwischen Kernrohr und Bohrloch treiben und Verklemmungen hervorrufen können. Bei Ölbohrungen, bei denen man immer mit Gasentwicklungen rechnen muß, findet daher die Diamantbohrung so gut wie keine Anwendung. Auch beim Schürfen nach Kohle oder lockeren Erzen, also nicht kernfähigen Lagerstätten, läßt unter Umständen die Schnellschlagbohrung bessere oder wenigstens ebenbürtige Fundkonstatierung zu.

Das Hauptgebiet der Rotations-Spül-Kernbohrung sind die Bohrungen nach Salzen und den meisten Erzen, sowie das Bohren im harten Gebirge und größten Tiefen überhaupt. In mildem Gebirge arbeitet sie günstig in jedem, in hartem nur in kleinerem Durchmesser. Für kleinste Durchmesser von 30 bis etwa 70 mm und harten Stein ist sie die einzige leistungsfähige Bohrmethode, die auch allein das Schräg-, Horizontal- und Aufwärtsbohren mit Hand- und Kraftbetrieb gestattet.

Zu der durch die Kerne der Rotationsbohrung gewonnenen vollständigen Kenntnis des durchbohrten Gebirges fehlt nur noch diejenige der Einfalls-Richtung des durchbohrten Gebirges. Um diesem Mangel abzuhelfen, wurden besondere Apparate, Stratameter genannt, konstruiert. Am zuverlässigsten, wenn auch am zeitraubendsten in seiner Anwendung, ist heute noch der von Köbrich geschaffene Apparat. Köbrich markierte den noch mit dem Gebirge im Zusammenhang stehenden Kern mit einem Meißelschlag und orientierte sodann diese Marke nach der Himmelsrichtung durch einen mit dem Meißel undrehbar verbundenen Kompaß. Darauf bohrte und brach er den Kern ab und orientierte ihn über Tage nach der Marke. Die neueren Stratameter arbeiten viel rascher, begnügen sich aber meist damit, das Kernrohr vor dem Abreißen der Kerne zu orientieren. War der Kern aber im Augenblick dieser Messung schon vom Gebirge gelöst oder hat sich das Kernrohr später beim Abreißen gegen den Kern verdreht, so ist die Voraussetzung für ein richtiges Resultat genommen. Tatsache ist, daß zurzeit von den Stratametern in der Praxis so gut wie kein Gebrauch gemacht wird.

## B. Stoßbohrung.

Die Stoßbohrung (Meißelbohrung) arbeitet mit bedeutend geringerem Nutzeffekt als die Drehbohrung, hat jedoch nicht mit den Hindernissen zu kämpfen, die die Drehbohrung in ihrer Anwendung einschränken. Dagegen sind ihr hinsichtlich der Tiefe bis jetzt engere Grenzen gezogen als der Rotationsbohrung. Die größte bekannt gewordene Tiefe von Meißelbohrungen beträgt etwa 1500 m und wurde sowohl mit Spül-Schnellschlagbohrung als auch vom kanadischen Trockenbohr-System und vom pennsylvanischen Seilbohrer erreicht.

Bei einem Durchmesser unter 60 bis 80 mm ist in härterem Gestein mit dem Meißel nicht mehr mit nennenswertem Erfolge zu bohren. Die Ursache liegt in der Unmöglichkeit, ein wirksames Schlaggewicht mit kleinem Durchmesser anzuwenden, und wirksam ist nur eine relativ kurze, starke Schwerstange. Die lebendige Kraft eines langen, schwächeren Belastungsgestänges wird größtenteils zur Stauchung in sich selbst aufgebraucht und wirkt um so weniger auf den Meißel, je höher es sich über ihm befindet. Aus der Gleichung für die lebendige Kraft: $L = \dfrac{mv^2}{2}$ ergibt sich die Notwendigkeit einer größeren wirksamen Masse $m$, da deren Endgeschwindigkeit $v$ praktisch selten über 2,5 m pro Sekunde hinauskommt. Das höchste hier erreichbare Geschwindigkeitsmaß ist dasjenige des freien Falles, das aber in dem mit Wasser oder Schlamm gefüllten Bohrloch einen erheblichen Teil seines theoretischen Wertes verliert.

Das Werkzeug der Stoßbohrung ist der Bohrmeißel; seine in der Regel horizontale Hauptschneide ist meistens mit Peripherieschneiden verbunden, die der Kreislinie des Bohrloches entsprechen. Auf den Meißel ist zur Vergrößerung des Schlaggewichtes die Schwerstange aufgesetzt.

Oft tritt nun bei wenig standfestem Gebirge die Notwendigkeit ein, gleichzeitig während des Bohrens unter der eingebauten Verrohrung zu erweitern, um diese zur Sicherung des Bohrloches möglichst bis zur Sohle nachführen zu können. Das einfachste Mittel hierfür ist eine entsprechende Formgebung des Meißels selbst. Man nennt derartig geformte Meißel Exzentermeißel. Ihre am meisten angewendete Form ist die von Mac Garvey (Fig. 7), mit der z. B. in den Ölterrains Galiziens und Rumäniens in großem Maßstabe gearbeitet wird. Da die Exzentermeißel keine sichere Führung im Bohrloch haben, ermöglichen sie nur unter gewissen günstigen Bedingungen die Nachführung der Verrohrung. Andernfalls muß zum Erweiterungsbohrer (Nachnahmbohrer) gegriffen werden, der in der Regel zwischen Meißel und Schwerstange befestigt wird. Der beste und am weitesten verbreitete Nachnahmebohrer ist der von Fauck, dessen Arbeitsweise durch Fig. 8 veranschaulicht wird. Er wird mit zusammengedrückten Schneidbacken $B_1$ in das Bohrloch eingeführt; sobald er unterhalb der Verrohrung angelangt ist, werden die Backen durch eine Spiralfeder $f$ auseinander getrieben und in dieser Arbeitslage ($B$ in Fig. 8) erhalten. Wenn das Gestänge gezogen wird, drücken sich die Backen bei Eintritt in die Verrohrung selbsttätig wieder zusammen. Für Spülbohrung werden die Erweiterungsbohrer ebenso wie der Meißel und die Schwerstange mit Wasserkanälen versehen.

Alle Schlagbohrer unterliegen in dem Maße, wie die Bewegungsgeschwindigkeit sich vergrößert, immer mehr den dynamischen Einflüssen, deren Erkenntnis ihren ersten wissenschaftlichen Ausdruck durch eine Studie Wolskis im Jahre 1894 gefunden hat. Fig. 9 veranschaulicht in Zeit-Weg-Kurven den Bewegungsvorgang. Die dünne einfache Linie bezeichnet die Bewegung des Angriffspunktes der Kraft am Bohrapparat über Tage. Wird diese Kraft durch eine gleichmäßig umlaufende Kurbel ausgeübt, so ergibt sich die gezeichnete Sinuslinie. Die gestrichelte Linie bedeutet die Bewegung des Schwerpunktes des Gestänges oder Seiles. Durch die dicke Linie endlich ist die Bewegung des Meißels gekennzeichnet. Die große Abweichung der beiden letzteren Kurven gegen die erstgenannte wird sowohl durch die Elastizität des Gestänges als auch durch die Trägheit der bewegten Massen, besonders der-

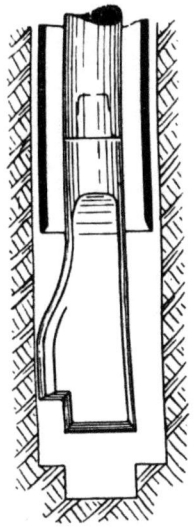

Fig. 7. Exzentermeißel nach Mac Garvey.

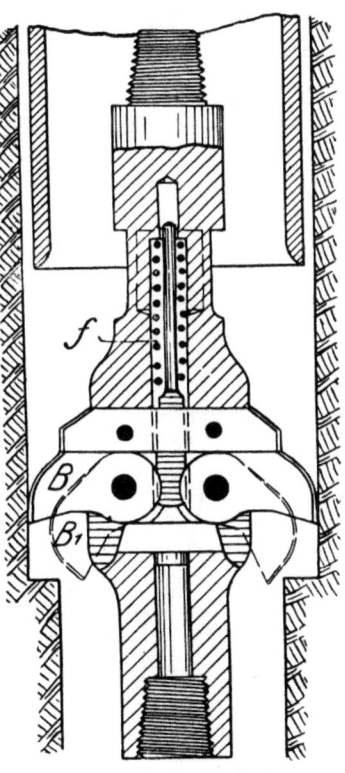

Fig. 8. Nachnahmbohrer von Fauck.

jenigen des Bohrzeuges im engeren Sinne (Meißel mit Belastungsgewicht) hervorgerufen. Die dicke Linie des Diagrammes stellt also die Bewegung eines Gewichtes (Schlaggewichtes) dar, das an einem elastischen Verbindungsstück (Gestänge oder Seil) hängt, dessen oberes Ende in regelmäßig auf- und abgehende Bewegung versetzt wird. Die Elastizität des Verbindungsstückes und die Trägheit der Massen bewirken ein Zurückbleiben gegen die Bewegung des Antriebpunktes (Kurbel) und die dadurch hervorgerufene Spannungsvergrößerung im elastischen Verbindungstück einen Aufwurf der Massen, der die Hubvergrößerung des Gewichtes

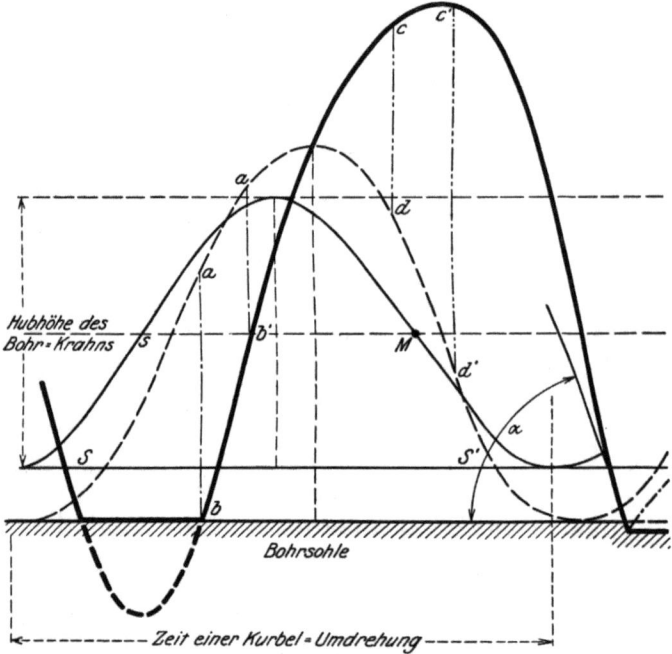

Fig. 9. Zeit-Weg-Kurve eines Meißelschlages.

bewirkt, und zwar nach beiden Seiten der horizontalen Mittellinie der Schwingung. Das Ausschwingen nach unten wird durch die Bohrlochsohle begrenzt, andernfalls würde es im Sinne der gestrichelten Ergänzungslinie der dick gezeichneten Meißelkurve stattfinden.

## I. Seilbohren.

Die pennsylvanische Seilbohrung. Die Seilbohrung ist wohl die älteste aller Bohrmethoden und wurde bereits von den

Chinesen in alter Zeit angewendet. Ihre charakteristischen Kennzeichen sollen an der Hand der Hauptausführungsform, der pennsylvanischen Seilbohrung, besprochen werden, mit der ein großer Teil des amerikanischen Petroleums, wenigstens der dritte Teil der Weltproduktion, erbohrt wird.

Durch einen einfachen, meist aus Holz gebauten Antriebmechanismus, der in Fig. 10 schematisch dargestellt ist, wird ein zwei bis drei Zoll starkes Hanfseil, an dem der Bohrer hängt, bewegt, während eine Schlammbüchse an einem zweiten dünneren Hanfseile die Reinigungsarbeit besorgt. Der Antrieb erfolgt stets

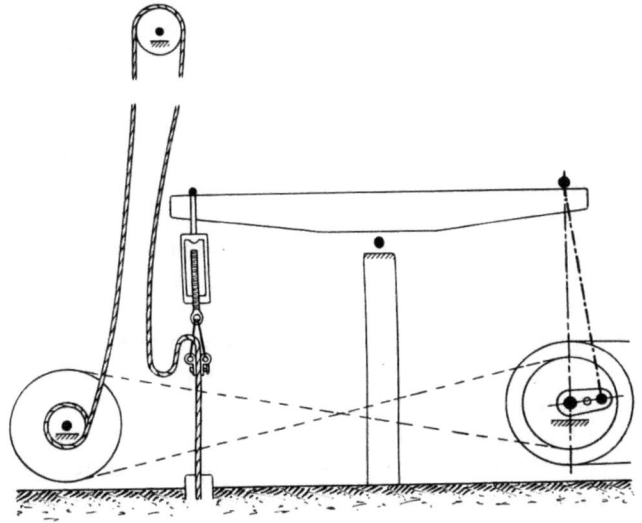

Fig. 10. Schematische Darstellung der Pennsylvanischen Seilbohrung.

maschinell. Bei dieser Bohrmethode tritt in noch schärferer Weise, als oben dargestellt, der in Fig. 9 veranschaulichte Vorgang infolge der viel größeren Elastizität des Seiles ein. Infolgedessen entsteht bei entsprechendem Hub- und Schlagtempo eine freifallartige Wirkung, jedoch mit bedeutend größerer Fallhöhe als dem Initiativhub entspricht. Hieraus erklärt sich die **große** Schlagwirkung der Seilbohrung. Da ferner durch das Seil eine außerordentliche Schnelligkeit im Ziehen und Einlassen des Bohrers erzielt wird und das zu bewegende Gewicht gegenüber der Gestängebohrung sehr verringert ist, vermag der Seilbohrung in hartem Gebirge keine andere Bohrmethode, auch nicht die besteingerichtete Spülbohrung, gleichzukommen. Der durch die Spülbohrung erreichte Zeitgewinn beim Gestänge-Stoßbohren geht nämlich in hartem

Gebirge mehr und mehr dadurch verloren, daß der Meißelabnutzung wegen häufig gezogen werden muß, was hier einen bedeutend größeren Zeitaufwand als beim Seilbohren bedingt. Daraus geht auch hervor, daß beim Seilbohren der Einfluß der großen Tiefe weniger fühlbar wird als beim Gestängebohren. Daher die großen Tiefen, bis zu denen man in Amerika mit Seilbohrung gelangt ist.

Zwischen Seil und Schwerstange befindet sich die sog. Rutschscheere, über der noch eine kürzere Schwerstange angeordnet ist. Die Rutschscheere besteht aus zwei ineinanderhängenden Kettengliedern, die Stauchungen oder Ausbiegungen des Seiles oder Gestänges beim Bohren verhindern sollen. Beim Seilbohren dient diese Anordnung einerseits dazu, den erwähnten Aufwurf des Schlaggewichtes zu erleichtern und das Seil hierbei durch Belastung gespannt zu halten, anderseits gestattet sie, bei Klemmungen den Meißel durch nach oben gerichtete Schläge gegen die Ruschscheere unter geringerer Gefahr des Seilreißens zu lösen.

Trotz ihres guten Wirkungsgrades ist jedoch die Seilbohrung, die von allen Bohrsystemen die größte Erfahrung und Geschicklichkeit in der Handhabung erfordert und die am besten mit 5 bis 10 Zoll Durchmesser arbeitet, auf harte, zum mindesten mittelharte, vor allem aber regelmäßig flach gelagerte Schichten beschränkt. In allen anderen Fällen ist die Gefahr der Verunglückung durch Schiefbohren, von Verklemmungen, Seilbrüchen usw. zu groß. Für Schürfbohrungen kommt sie überhaupt kaum in Frage, da sie weder Kerne liefert, noch bei dem Mangel einer Spüleinrichtung und Fühlung mit der Sohle Lagerstätten genügend konstatieren läßt. Ihr Hauptarbeitsgebiet bleibt die Ölbohrung in Formation ähnlich den Devon- und Silurschichten, aus denen das pennsylvanische Öl gewonnen wird.

## II. Gestänge-Stoßbohren.

Die einfachste Form des Gestänge-Stoßbohrens besteht darin, das Gestänge und den Bohrer von Hand, meist unter Zuhilfenahme eines Schwengels, anzuheben und frei fallen zu lassen. Bei geringen Tiefen ist dieses steife Stoßbohren von Hand unbedenklich und wird daher auch heute noch in Verbindung mit Drehbohren mit Schappe usw. angewendet, um einzelne Steine oder solche Schichten zu bearbeiten, die sich vom Drehstahlbohrer nicht mehr schneiden lassen. Wird hierbei ein hohles Gestänge und Wasserspülung angewendet, so ergibt sich das für Handbetrieb sehr verbreitete System, das nach seinem Erfinder das Fauvelle'sche genannt wird. In mildem Gebirge und bei kleinerem Durchmesser gestattet dieses

Verfahren, sehr schnell und billig auf einige hundert Meter Tiefe zu kommen. Es wird dabei mit 15 bis 30 cm Hubhöhe gearbeitet. Zahllose Erdölbrunnen im Elsaß und in Holländisch-Indien wurden nach diesem Wasser-Spül-Bohrsystem niedergebracht; ebenso findet es auch häufig bei leichteren Schürfbohrungen, namentlich auf Braunkohle, erfolgreiche Anwendung. Im günstigsten milden Braunkohlengebirge z. B. sind bei 10 bis 13 cm Durchmesser Stundenleistungen bis zu 8 m erreicht worden, ein Resultat, wie es auf andere Weise mit Handbetrieb nicht annähernd möglich ist. Über 300 m Tiefe wird die Fauvelle'sche Handbohrung nur noch selten verwendet.

Die bisher erwähnten Gestängebohrungen werden steife genannt, weil am starren Gestänge ohne Einschaltung eines Zwischengliedes gestoßen wird. Ist die Sohle härter, so daß nur ein Teil der lebendigen Kraft des Schlages durch Eindringen der Schneide in das Gebirge vernichtet werden kann, so setzt sich der verbleibende Rest der Kraft in Rückprall des Bohrers um. Die Folge ist namentlich bei längerem, beim Stoß sich selbst überlassenen Gestänge, wie dies bei den beiden vorerwähnten einfachsten Arten des Gestängebohrens der Fall ist, ein Brechen des Gestänges. Anders ist dies bei der ebenfalls mit steifem Gestänge arbeitenden Schnellschlagbohrung, die aber, dem Gang dieser Darstellung folgend, erst weiter unten behandelt werden soll.

Diese Wirkung des Rückpralls hat dahin geführt, das leichte und bruchgefährlichere Gestänge von der Wirkung desselben zu befreien durch Einschalten eines Zwischengliedes zwischen Stangen und Schlaggewicht. So entstand das Gestängebohren mit Scheere.

Die erste und einfachste Form der Bohrscheere war die von Oeynhausen gegen Mitte des vorigen Jahrhunderts erfundene, bereits erwähnte Rutschscheere. Etwa zu gleicher Zeit entstand sie auch, aber, wie oben ausgeführt, anderen Erwägungen entspringend, beim Seilbohren in Amerika.

Die kanadische Bohrung (Rutschscheerenbohrung). In Europa hat die Rutschscheere sehr bald dem gleichfalls in Deutschland erfundenen Freifall-Instrument Platz gemacht, wogegen sich in Amerika ein besonderes System der maschinellen Rutschscheerenbohrung mit Holzgestänge, das kanadische Bohrsystem, ausgebildet hat. Fig. 11 gibt eine schematische Darstellung der ursprünglichen Original-Kanadischen Bohranlage mit ihrem in gleicher Weise wie beim Seilbohren angetriebenen Holzschwengel. Das Gestänge hängt an der Bohrkette $k$, die einige Male um den Schwengelkopf $K$ geschlungen und an der Nachlaßwelle $n$ befestigt ist. Das Nachlassen geschieht ruckweise mit Hilfe des Schnurzuges $z$, der den sonst durch die Feder $f$ eingedrückten Sperrhaken $H$ aus dem Sperrad $N$ aushebt. Die zum Ziehen und Einlassen dienende Seiltrommel $T$ wird mittels des Spannriemens $D$ und der Spannrolle $S$ durch den Handhebel $h$ betätigt. Für das Löffelseil wird vielfach eine zweite in gleicher Art betätigte Seiltrommel angebracht; der ursprüngliche kanadische „Rig" besitzt jedoch nur die gezeichnete Trommel, man löffelte also am Gestänge.

In nicht zu hartem Gestein, namentlich bei Durchmessern von 5 bis 10 Zoll, auch bei Tiefen von 500 m und darüber, weist die kanadische Bohrung Leistungen auf, die unter Umständen sogar jene

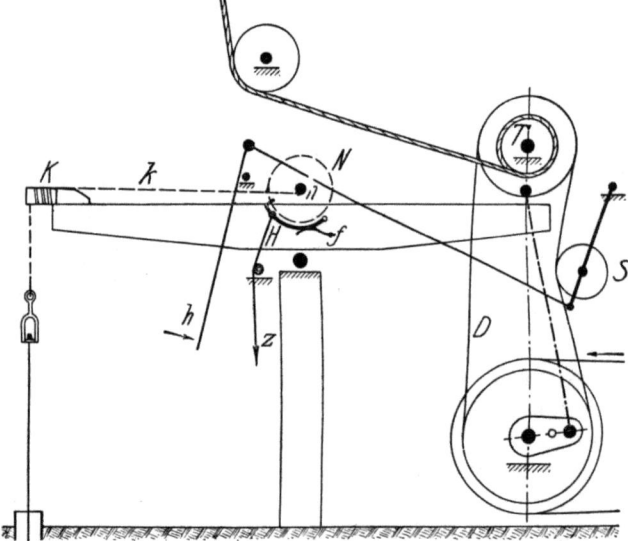

Fig. 11. Schematische Darstellung der kanadischen Bohrung.

des Freifalles überragen. Die Ursache hierfür liegt zum guten Teil in der Elastizität des zum Gestänge verwendeten vorzüglichen amerikanischen Eschen- und Hikory-Holzes. Die Holzstangen werden durch angenietete Eisen-Verschraubungen miteinander verbunden. Das Bohrzeug ist dasselbe wie beim Seilbohren, nur fehlt hier die Schwerstange oberhalb der Scheere.

Von Kanada aus fand dieses System seinen Weg zu fast allen Ölfeldern der Erde; es hat sich u. a. in Galizien und Rumänien zur typischen Bohreinrichtung ausgebildet und sich daselbst allen neueren Bohrmethoden gegenüber bis heute behauptet. Die kanadische Bohrung wird wie die Seilbohrung wohl ein weiteres Dritteil des auf der Erde produzierten Petroleums liefern. Ein erheblicher Teil des letzten Drittels wird durch Freifallbohrung in Baku gewonnen.

In Boryslaw-Tustanowice (Galizien) ist die kanadische Trockenbohrung allmählich bis über 1500 m Tiefe in die Öllagerstätten vorgedrungen. Längst wurden dabei ebenso wie in Rumänien und anderwärts die in der erforderlichen Güte heute überhaupt kaum noch erhältlichen Holzstangen durch Eisengestänge ersetzt und die Bohranlage vielfach verbessert und verstärkt, so daß heute schon von einem „galizisch-kanadischen" Bohrsystem gesprochen werden kann.

Für Schürfbohrungen eignet sich das kanadische System ebensowenig wie die Seilbohrung, sein Hauptanwendungsgebiet bleibt ebenfalls das Bohren nach Öl.

Die Freifallbohrung. In der Anwendung am wenigsten beschränkt ist das vollständig deutschem Boden entsprungene Bohren mit dem Freifallinstrument, das konstruiert wurde, um das Schlaggewicht im Punkt des höchsten Anhubes von der Verbindung mit dem Gestänge zu lösen und frei zur Sohle fallen zu lassen. Das Instrument wird zwischen Schlaggewicht und Gestänge befestigt, welch letzteres daher nicht mehr wie beim oben beschriebenen Steifbohren frei fallen gelassen wird, sondern, in Verbindung mit dem Antriebsorgan bleibend, ruhig niedergeht und ebenso wie beim Rutschscheerenbohren von der Wirkung des Meißelrückpralles befreit ist.

Unter den zahlreichen Konstruktionen von Freifallinstrumenten hat jene nach Fabian (Fig. 12) die allgemeinste Anwendung gefunden. Die Hülse des Intruments besitzt zwei diagonal angeordnete, der Hubhöhe entsprechende Schlitze $h$, die oben zu einem Sitz für den Fangkeil $f$ erweitert sind. Letzterer ist in der in der Hülse gleitenden Abfallstange, die das Schlaggewicht mit Bohrer trägt, befestigt und schiebt sich selbsttätig durch eine Abschrägung am oberen Ende des Schlitzes über den Fangsitz, wenn die Hülse in ihre tiefsten Lage über das nach dem Abwurf auf der Sohle aufstehende Schlaggewicht niedergleitet. Dadurch wird dieses beim Anhub mit gehoben. Das Abwerfen erfolgt an der oberen Hubgrenze durch einen scharfen Ruck des Schlüsselsführers am Gestänge über Tage. In dem Bestreben, dieses Abwerfen zu er-

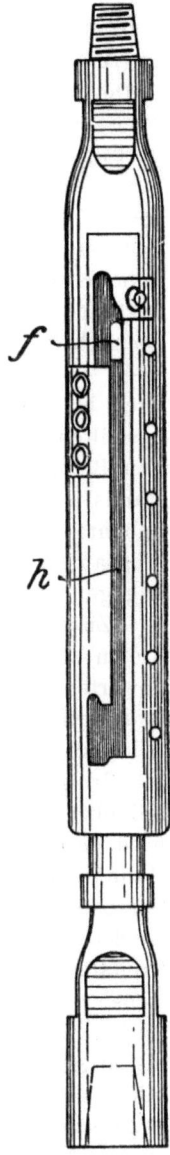

Fig. 12.
Freifallinstrument System Fabian.

leichtern, sind mannigfaltige Einrichtungen getroffen, die sämtlich darauf hinauslaufen, dem Gestänge durch kräftiges Aufschlagen des Bohrschwengels auf den sogenannten Prellbock im Moment des Abwerfens eine Erschütterung zu erteilen und gleichzeitig den Anhebeimpuls plötzlich zu vernichten. Namentlich ist hier der Schlagzylinder mit direkter Dampfwirkung, eine ebenfalls deutsche und in Deutschland teilweise noch verbreitete Anlage, zu erwähnen, die auch Köbrich benutzte und bei seiner kombinierten Bohrung (s. Fig. 4) verwendete. Der Schlagzylinder wird automatisch oder von Hand gesteuert und bildet eine einfach wirkende, stehende Dampfmaschine, deren Kolbenstange durch Niederziehen des hintern Schwengelendes den Bohrer anhebt, während das Gestängegewicht beim Niedergang den Kolben wieder leer nach oben zieht. Er wird jedoch erfolgreich immer mehr durch den Kurbelantrieb des Bohrschwengels unter Verzicht auf die Prellung ersetzt, denn je mehr es möglich wird, rascher zu schlagen, desto leichter wird auch bei großen Tiefen das Abwerfen infolge der in Fig. 9 dargestellten Aufwurferscheinung des Schlaggewichts. Im Ölgebiet von Baku wird z. B. in Durchmessern von 200 bis 700 mm anstandslos freifallend ohne Schwengelprellung von der Kurbel aus gebohrt, wobei zurzeit Tiefen bis über 600 m erreicht werden. Bei langsamem Gang, speziell bei Handbetrieb, ist die Schwengelprellung dagegen wichtig.

Zur Vermeidung des Abwerfens über Tage, das bei sehr großen Tiefen schwierig und unsicher ist, sind verschiedene automatisch abwerfende Freifall-Instrumente konstruiert worden, die teilweise zwar erfolgreiche Anwendung finden, aber infolge mancher Nachteile sich nicht allgemein eingeführt haben.

In großem Maßstabe wurde besonders in Deutschland das Freifallbohren mit der Wasserspülung vereinigt. Das Spülwasser wird entweder in einem Scheere und Schlaggewicht umschließenden Mantelrohr möglichst nahe bis zur Bohrlochsohle geführt, oder es durchströmt noch häufiger das Innere des Bohrzeuges, um im Meißel selbst in gewohnter Weise auszutreten. Es wird dann die Freifallscheere hohl und mit Stopfbüchse ausgeführt. Auch hier bestehen mehrfache Konstruktionen, die mit mehr oder weniger Erfolg den beiden einander hier gegenüberstehenden Haupterfordernissen gerecht zu werden suchen. Die Reibung in den Stopfbüchsen bildet nämlich einerseits eine Erschwerung des Abwerfens, ist aber anderseits unvermeidlich, um einen zu starken Austritt des Spülwassers an dieser Stelle zu verhüten, da sonst die Spülung nicht in wirksamer Menge vor Ort gelangen kann.

Bei der Freifallbohrung ist die Schlaggeschwindigkeit und damit der Effekt nicht wie bei den anderen Stoßbohrsystemen eine Funktion der Tourenzahl, sondern nur eine solche der Hubhöhe. Jeder Schlag stellt eine bestimmte, von der Schlagzahl unabhängige Leistung und zugleich die volle Verwertung der zum Anheben des Schlaggewichtes geleisteten Arbeit dar. Infolgedessen ist die Freifallbohrung die einzige Bohrmethode, die bei allen Gebirgsverhältnissen und Tiefen Verwendung finden kann. Sie dient auch zur Herstellung jeder Art von Bohrlöchern, von den größten Schachtbohrungen bis zum kleinsten, für Stoßbohrung noch in Betracht kommenden Durchmesser. Sie erlaubt ferner die rationelle Anwendung des Handbetriebes, mit dem man mittels freien Falles schon wiederholt bis in eine Tiefe von 500 m und mehr gelangt ist. Maschinelle Freifallbohrungen sind in Deutschland schon bis zu ca. 1400 m Tiefe gekommen. Soweit mit Spülung gebohrt wurde, sind Stundenleistungen von 3 bis 5 m nicht selten, so daß beim Konkurrenzbohren der Spül-Freifall der Diamantbohrung an Schnelligkeit oft ebenbürtig, zuweilen sogar überlegen war.

Seit langem wurde der Spül-Freifall immer mehr durch die Schnellschlagbohrung verdrängt, bei Schürfbohrungen wegen deren besonderer Eignung zur Lagerstättenkonstatierung in Ergänzung der Diamantbohrung, im allgemeinen infolge ihrer Überlegenheit beim Bohren in mildem und mittelhartem Gebirge. In hartem Gebirge und bei Nichtanwendbarkeit der Spülung bleibt aber die Freifallbohrung die sicherste und wirkungsvollste Bohrweise, die wie keine andere Methode dann geeignet ist, wenn keinerlei Anhaltspunkte über die Bohrverhältnisse vorliegen.

Die Schnellschlagbohrung. Diese in den 90er Jahren des vorigen Jahrhunderts, und zwar ebenfalls in Deutschland entstandene Bohrmethode arbeitet stoßend mit Spülung am steifen Gestänge und hat einen außerordentlichen Fortschritt und Aufschwung der Tiefbohrtechnik, insbesondere für Schürfbohrungen hervorgerufen. Sie wurde zuerst in großem Maßstab von Raky angewendet; um ihre weitere Ausbildung hat sich besonders auch Fauck verdient gemacht.

Die Schnellschlagbohrung unterscheidet sich vom Bohrsystem Fauvelle dadurch, daß das Gestänge beim Schlag nicht freigegeben und den Wirkungen des Rückpralles überlassen wird, sondern daß es im Moment des Schlages gespannt bleibt. Gleichzeitig wirkt durch sehr rasches Schlagen (anfänglich 80 bis 150 Schläge pro Minute) bei möglichst kleinem Hub (50 bis 150 mm) jeder Einzelschlag außerordentlich kräftig, wodurch im Sinne des Diagrammes der Fig. 9 die sonst nicht zu erklärenden guten Leistungen auch in hartem Gestein sich ergeben. Die günstige Wirkung wird hierbei durch die bis zur Sohle gelangende Spülung wesentlich erhöht.

Die Linien des Diagrammes (Fig. 9), die ungefähr den Verhältnissen der Schnellschlagbohrung entsprechend eingezeichnet sind, veranschaulichen den Vorgang. Man ersieht daraus, daß im Moment des Meißelschlages das Gestänge bereits wieder im Anhub begriffen ist, so daß die in der rechten unteren Ecke angedeutete strich-punktierte Linie des Meißelrückpralles bei harter

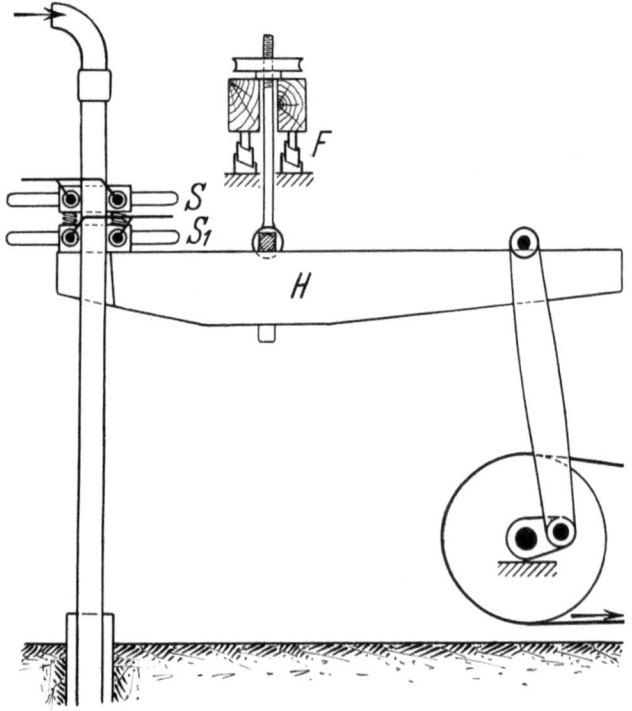

Fig. 13. Schemat. Darstellung der Schnellschlag-Bohranlage System Raky.

Sohle hinter der Weglinie des Gestänges herläuft, ohne sie zu schneiden, ohne daß also eine Stauchung eintritt. Natürlich ist die gestrichelte Gestängebewegungslinie nur symbolisch. Das unterste Gestänge macht annähernd die Bewegung des Bohrers, das oberste die des Antriebsorgans mit, so daß man sich den ganzen Raum zwischen Bohrzeugs- und Gestängekopf-Bewegungslinie durch Kurven ausgefüllt zu denken hat, die die Bewegung der aufeinander folgenden Gestängestücke vorstellen.

Die Bohranlage von Raky ist durch Fig. 13 schematisch veranschaulicht. Raky hält das Gestänge dadurch gespannt, daß er den Bohrschwengel $H$ auf eine Federbatterie $F$ lagert und durch Vermehrung der Zahl der Federn bei wachsender Tiefe das Maß der Federung gleichmäßig erhält. Das Nachlassen des Gestänges erfolgt durch die am Kopfende des Schwengels gelagerten 2 bis 3 „Sprungschlüssel" $S$ und $S_l$, an denen das Gestänge abwechselnd hängt. Die Sprungschlüssel sind so eingerichtet, daß sie durch einen kräftigen Hebeldruck am Gestänge festgeklemmt werden oder dieses freigeben. Sobald der untere Schlüssel $S_l$ festgeklemmt, der obere aber freigegeben wird, schiebt sich letzterer durch zwischenliegende Feder- oder Exzenterwirkung um ein kleines Stück am Gestänge aufwärts und wird in dieser Lage neuerdings festgeklemmt. Beim Lösen des unteren Schlüssels sinkt nun das Gestänge um das Maß des Abstandes beider Schlüssel, worauf wiederum der untere angezogen und der obere gelüftet wird usw. Die starke Federung im Antriebsorgan, verbunden mit den Sprungschlüsseln ist typisch für eine Reihe anderer ähnlicher deutscher Schnellschlageinrichtungen geworden, die sich vor allem durch die Art der Federung unterscheiden, z. B. derjenigen am vorderen und rückwärtigen Schwengelende (System Vogt), in der Zugstange (System vorm. Deutsche Tiefbohr-A.-G) usw.

Fauck ging von der Federlagerung ganz ab und hing das Bohrzeug mit Kette oder Seil an die bewährte, auch beim Freifallbohren meist verwendete Nachlaß-Vorrichtung, die durch Schneckengetriebe selbstsperrend ist, und die gestattet, das Gestänge ganz genau millimeterweise nachzulassen und auch während des Bohrens wieder anzuheben, was bei der Anlage von Raky durch Anheben des ganzen Schwengels vom Federlager aus geschieht. Diese Gestänge-Aufhängung an genau einstellbarer Nachlaßvorrichtung, die, wie die Erfahrung bei zahlreichen Bohrungen bis über 1400 m Tiefe gezeigt hat, das Gestänge gut gespannt hält, ist charakteristisch und gemeinsam für die beiden Fauckschen Bohrsysteme „Rapid" und „Expreß", die übrigens bei geringeren Tiefen und Gewichten erfolgreich auch von Hand betrieben werden können; es wird dann durch Zahnradvorgelege vom langsamen auf den schnellen Gang übersetzt. Durch entsprechende Schwungradmassen beim „Rapid", bzw. durch eine sich beim Niedergang des Bohrers selbstspannende Feder beim „Expreß" gelang es, mit Handbetrieb durch rasches, daher kräftiges Schlagen auch in festerem Gebirge bis zu 300 m Tiefe und darüber hinaus schnell und vorteilhaft zu gelangen.

Fig. 14 stellt eine maschinell betriebene Rapid-Bohranlage dar. Auf der von der Maschine angetriebenen Hauptwelle sitzt um das Maß $r$ exzentrisch die Scheibe $k$, um die das Bohrseil (oder Kette) geschlungen ist, das einerseits das Gestänge trägt, anderseits an der mittels Schneckengetriebe vom Handrad $h$ aus regulierbaren Nachlaßwelle $t$ befestigt ist. Bei der gezeichneten Parallelstellung der Seilstücke

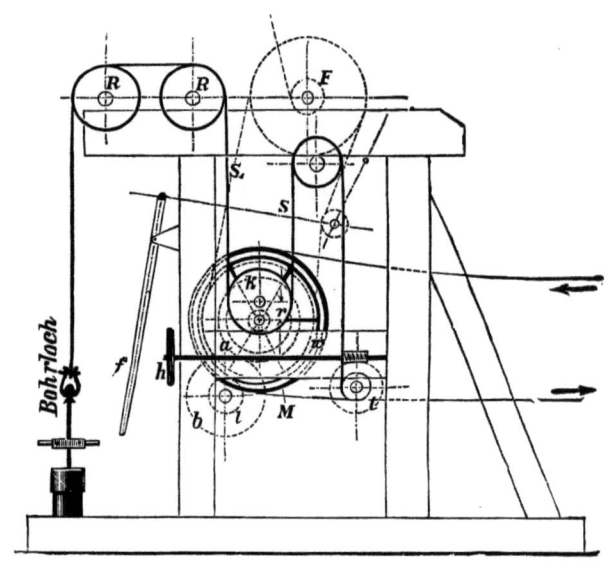

Fig. 14. Schemat. Darstellung von Faucks „Rapid"-Schnellschlag-Bohranlage (Trauzl & Co.).

$S$ und $S_l$ ist die Gestängehubhöhe gleich $4\,r$. Die Fördertrommel $F$ wird durch einen kanadischen Spannriemen, wie in Fig. 11, betätigt, nachdem durch Verschieben der vorderen Kopfrolle $R$ auf ihrer Achse das Bohrloch freigelegt ist. Die Löffeltrommel $l$ erhält ihren Antrieb durch Reibungsräder von der Hauptwelle aus.

Bei Faucks Expreß-Bohrsystem (Fig. 15) wird die „Bohr"-Rolle, die durch ihre Hubbewegung einen doppelt so großen Hub des Gestänges hervorruft, durch einen vom Exzenter $f$ der Antriebswelle angetriebenen Bohrschwengel bewegt. Sie sitzt am vorderen Ende dieses Schwengels über dem Bohrloch und wird behufs Freimachung des Bohrloches für Nebenarbeiten in die punktierte Lage zurück-

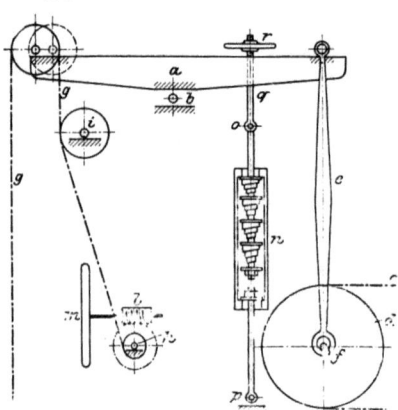

Fig. 15. Schemat. Darstellung von Faucks Expreß-Schnellschlag-Bohrsystem (Alb. Fauck & Co.).

geschoben. Das Bohr-Bandseil *g* passiert die Führungsrolle *i* und ist wie beim „Rapid" an der selbstsperrenden Schneckengetriebe-Nachlaßvorrichtung *hl* befestigt. Zur Entlastung des Antriebes dient das hier am Apparat bei *p* befestigte, durch Handrad *r* beliebig einstellbare Federgehäuse *n*.

Die Fauckschen Systeme „Rapid" und „Expreß" arbeiten mit kleinerem Hub, dagegen mit größerer Schlagzahl als die Feder-Schnellschläge von Raky usw. Die letzteren weisen früher ungeahnte Bohrleistungen auf, die in günstigem Gebirge, wie Kreidemergel über 10 m in der Arbeitsstunde betragen, sich jedoch über etwa 600 m hinaus rasch vermindern, während die Gestängebrüche sich dann stark vermehren. Die Fauckschen Schnellschlagsysteme, die anfänglich nicht die gleich große Durchschlagskraft aufweisen können, halten dagegen damit gleichmäßiger und unter geringerer Gestängebeanspruchung in der großen Tiefe durch.

Für Meißelbohrung in großer Tiefe hat sich übrigens im letzten Dezennium noch eine besondere Abart der Schnellschlagbohrung als sehr geeignet gezeigt, nämlich das Bohren mit Seil über den Turm, das sog. Seilschlagbohren. Das Bohrseil, das das Gestänge bewegt, ist hier nicht kurz, wie bei Faucks „Rapid", sondern geht über eine oder zwei Seilrollen am Turmkopf und wird meist durch Kurbelantrieb in Bewegung gesetzt. Es hängt an einer selbstspannenden Schneckengetriebe-Nachlaßvorrichtung, die genaues Nachlassen und Einstellen gestattet. Das Gestängewicht wird dabei durch Dampf oder Druckluft, bei leichten Apparaten auch durch Federkraft, teilweise ausbalanciert. Die Seilschlagbohrung schlägt etwas langsamer als die anderen Schnellschlagsysteme und meist mit etwas größerem Hub. In milderem und mittelhartem Gebirge wird sie auch vorteilhaft für Bohrungen geringerer Tiefe angewendet, in den großen, bisher auf etwa 1200 m gediehenen Tiefen ist die Schlagwirkung anhaltend günstig und die Zahl der Gestängebrüche im Verhältnis gering. Weil das lange Bohrseil die Hauptstoßbeanspruchung aufnimmt, kann die dadurch geschonte Bohranlage durch schwereres, stärkeres, also auch bruchsichereres Gestänge belastet werden. Auch die rationelle Anwendung größerer Bohrhübe, also die gute Kombination mit Trockenbohrung ist hier erleichtert, was z. B. für ihre Anwendung bei Erdölbohrungen von Wichtigkeit ist. Den Bohrturm nimmt diese Bohrweise natürlich stark in Anspruch, er muß also entsprechend kräftig gehalten sein.

Die erste leistungsfähige maschinelle Seilschlagbohreinrichtung ist Pattbergs patentierte schwingende Seiltrommel (Patent Zeche Rheinpreußen). Diese ist durch ein leicht lösbares Schneckengetriebe als Nachlaßvorrichtung ausgebildet und wird durch damit verbundenen Kurbelantrieb in Schwingung und das Gestänge dadurch in Bewegung versetzt. Die Ausbalancierung bewirkt ein auf die Seiltrommel wirkender Dampfpuffer. Das Bohrseil ist hier zugleich Aufzugsseil, zum Fördern kann die Trommel leicht vom Bohrwerk gelöst und mit dem Fördergetriebe verbunden werden.

Meyer-Duisburg hat die schwingende Seiltrommel durch eine Schwinge ersetzt, und in ähnlicher Art sind auch verschiedene andere derartige Apparate gebaut, von denen einer in Fig. 16 schematisch dargestellt ist. $A$ ist die treibende Kurbel, $D$ der durch Dampf oder Preßluft wirkende Gewichts-Ausgleichzylinder, $T$ die Nachlaßvorrichtung, die mit dem Förderwerk verbunden ist, wenn das Seil $f$ zugleich auch Förderseil ist. $S$ ist ein besonderes Schlagseil.

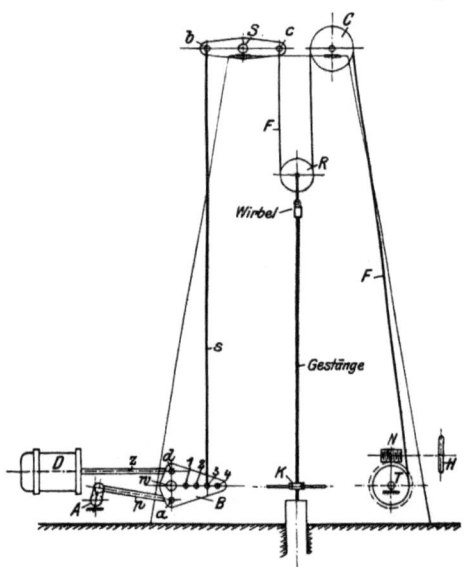

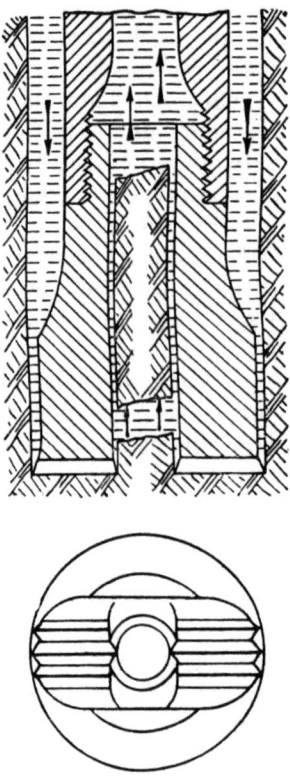

Fig. 16. Schemat. Darstellung der Seilschlag-Bohranlage der vorm. Deutschen Tiefbohr-Akt.-Ges.

Fig. 17.
Faucks Stoß-Kernbohrung.

Die Schnellschlagbohrung bietet gegenüber den mit Scheere arbeitenden Stoßbohrsystemen noch den besonderen Vorteil der gesteigerten Sicherheit, mit der jeder Gebirgswechsel erkannt wird. Es wird dies durch die beim Steifbohren vorhandene scharfe Fühlung des Krückelführers mit der Bohrlochsohle erreicht. Wo Diamantbohrung nicht anwendbar oder die Lagerstätte (z. B. Kohle) nicht kernfähig ist, schürft man häufig sehr vorteilhaft mit Schnellschlag und zwar möglichst unter Anwendung umgekehrter Spülung, bei der das abgebohrte Gebirge wenige Minuten nach dessen Anschlagen zutage tritt.

Eine sehr wertvolle Vervollkommnung erhielt das Schürfen mit Schnellschlag durch Faucks Stoßkernbohrung. Diese gestattet bei umgekehrter Spülung, nicht nur größere Gesteinsproben, sondern vollständige Kernstücke während des Bohrens zutage zu bringen. Wie aus Fig. 17 ersichtlich, kommen hier Meißel mit zentraler Bohrung zur Anwendung, die einen Kern von geringerem Durchmesser als der lichten Weite des Hohlgestänges stehen lassen. Infolge der Erschütterungen beim Stoßen brechen diese Kerne in kürzeren oder längeren Stücken oder Scheiben ab und gelangen mit dem Spülstrom durch das Hohlgestänge zutage. Die auf- und abgehende Bewegung des Gestänges verhindert, wie die Erfahrung bestätigt, vollständig eine Verklemmung der Kernstücke im Innern der Gestängerohre.

# Allgemeines über Bohrpersonal, über Stratigraphen, über Kombinierung verschiedener Systeme, Verrohrung und Förderwerke.

Für die Wahl der in jedem einzelnen Falle anzuwendenden Bohrmethode ist außer den vorstehend angegebenen Kriterien noch ein Umstand von hervorragendster Wichtigkeit, nämlich das Erfordernis eines mit der Bohrweise vollständig vertrauten Personals. Das Bohren besonders unter schwierigen Verhältnissen bleibt trotz aller Vervollkommnung der Einrichtungen immer noch so sehr Kunst und Handwerk, und es hängt in jedem Falle das sichere Erreichen des Bohrzweckes so sehr von der Erfahrung, Geschicklichkeit und Gewissenhaftigkeit des Bohrmeisters ab, daß die Unterschiede in der Güte des Personals wohl auf keinem Gebiete der Technik eine so ausschlaggebende Rolle spielen wie beim Tiefbohren. In der Rücksichtnahme auf ein eingeübtes Arbeitspersonal liegt auch wohl meist der Grund für das besonders in Ölgebieten häufige Festhalten an einmal eingeführten Bohrmethoden gegenüber neueren überlegenen Verfahren.

Es sei hier noch auf die sogen. Stratigraphen aufmerksam gemacht. Dies sind Apparate, die in Verbindung mit dem Bohrapparate stehen und auf einem sich bewegenden Papierstreifen die Raschheit des Bohrfortschrittes, ebenso wie die Zeitdauer der

Stillstände zum Ausdruck bringen. Je größer die Bohrleistung ist, desto steiler wird die gezeichnete Linie. Verschieden harte Schichten kennzeichnen ihre Mächtigkeit durch Knicke in dieser Linie, was besonders zur Kontrolle durchbohrter Kohlenflöze wichtig ist und speziell für Rotationsbohrung, bei welcher die beim Schnellschlagbohren vorhandene physische Fühlungnahme des Bohrführers mit der Bohrsohle fehlt. Die meisten Stratigraphen (Jahr-Breslau, Lapp-Aschersleben usw.) sind darum nur für Rotations-Bohren konstruiert, eine derartige auch beim Meißelbohren dienende Einrichtung hat Thumann-Halle geschaffen.

Wie vorstehende Ausführungen erkennen lassen, ist die Erreichung des Bohrzweckes in vielen Fällen mit einem einzigen der genannten Systeme möglich, jedoch soll man entsprechend der Mannigfaltigkeit des Aufbaues der Rinde unseres Planeten auf das Kombinieren von verschiedenen Bohrverfahren Bedacht nehmen. Das Rotationsbohren läßt sich, z. B. unter Anwendung der in Fig. 6 dargestellten Anordnung, unschwer mit jedem Stoßbohrsystem kombinieren. Der Kombination von Freifall- und Diamantbohrung, wie sie von Köbrich (Fig. 4) eingeführt wurde, sind seither die Anlagen von Thumann, Lapp und anderen gefolgt. Seit Aufkommen der Schnellschlagbohrung ist diese Methode immer mehr an die Stelle des Freifalles in der Kombination mit Diamantbohrung getreten, wie dies zuerst bei den Anlagen von Raky, Vogt u. a. der Fall war. Es sind dies alles Anlagen namentlich für Schürfzwecke, bei denen selten das Bedürfnis besteht, auch Trockenmeißelbohrung, also großen Hub, vorzusehen. Die Kombination von Rotationsbohrung sowohl mit Spülschnellschlag als mit Freifall- oder Rutschscheeren-Bohrung zeigt z. B. die auf Tafel I dargestellte Anlage von Thumann. — Für Erdölbohrungen, für die die Rotationsbohrung meist ganz ausscheidet, kommt speziell die Kombination von Trocken- (Kanadischer oder Freifall-) Bohrung mit Spülschnellschlagbohrung in Betracht.

Für die Verrohrung, die beim Bohren eine so wichtige Rolle spielt, werden über 12 bis 14 Zoll Durchmesser hinaus meist durch Vernietung verbundene Blechrohre, sonst durch Verschraubung verbundene gewalzte Rohre verwendet. Am verbreitetsten sind die sogenannten aufgemufften, innen glatten Rohre (Fig. 18), und die eingezogenen, außen glatten Rohre (Fig. 19). In Amerika werden vielfach Muffenbohrrohre (Fig. 20) verwendet. Es ist sehr zu empfehlen, diesen widerstandsfähigsten und verläßlichsten Rohrtyp wenigstens in Kombination mit den anderen Typs für den oberen, nicht im Gebirge steckenden Teil der Rohrtouren zu verwenden,

Additional material from *Verfahren und Einrichtungen zum Tiefbohren*,
ISBN 978-3-662-31786-0, is available at http://extras.springer.com

wenn diese ständig mitgeführt, also stark in Anspruch genommen werden. Die Rohrtouren werden nur noch ausnahmsweise „verloren", d. h. teleskopartig, ineinander gesteckt, vielmehr reicht jede Rohrtour aus guten Gründen bis zu Tage. Nach Vollendung der Bohrung können zumindest die sämtlichen nicht im Gebirge, sondern in der

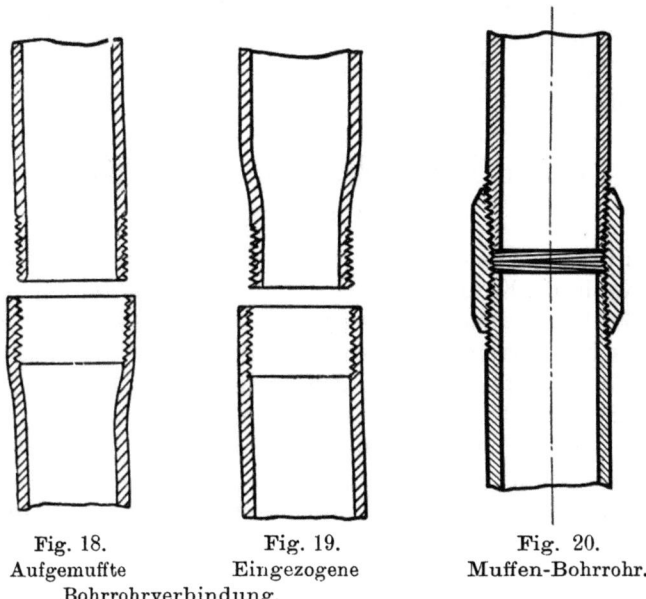

Fig. 18. Aufgemuffte Bohrrohrverbindung.  Fig. 19. Eingezogene  Fig. 20. Muffen-Bohrrohr.

größeren Rohrtour steckenden Teile der Rohrkolonnen durch besondere Innen-Rohrschneid- oder Schlitzapparate geschnitten und wiedergewonnen werden. Vorher versucht man die Wiedergewinnung der ganzen Rohrtour, eventuell unter Verwendung besonderer Rohrziehinstrumente.

Das Ausziehen und Einlassen des Bohrzeuges und der Rohrtouren erfolgt durch sogenannte Förderwerke an meist 20 bis 30 mm starken Drahtseilen. Bei großer Tiefe und zur Bewegung der schweren Rohrtouren wird mit 1- bis 10 rolligen Flaschenzügen von der Trommel des Förderwerkes aus gezogen. Beim Trockenbohren ist meistens außer der Hauptfördertrommel noch eine Trommel für das leichtere Löffeldrahtseil, dessen Länge der Maximalbohrlochtiefe entspricht, vorhanden. In vielen Fällen, z. B. beim Seilbohren, beim kanadischen und Rapid-System, ferner bei Raky usw., ist das Bohr- und Förderwerk zum „Bohrkran" vereinigt. Große Verbreitung hat bei solchen Anlagen die zwar etwas primitive, aber dem praktischen Bedürfnis sich gut anpassende kanadische Förderung gefunden, wie sie aus Fig. 11 und 14 ersichtlich und beim kanadischen Bohrsystem beschrieben ist. Den Anforderungen größerer Tiefbohrungen entsprechen jedoch besser die mit Zahnradvorgelege arbeitenden, häufig vom Bohrwerk getrennten „Kabel", die dann entweder mit Riemen angetrieben werden (Fig. 4) oder als Dampfkabel ($D$ in Tafel I) ausgebildet sind.

Der knappe Rahmen dieser Ausführungen gestattet nicht, auf weitere Einzelheiten, wie Gestänge nebst Zubehör, Hilfsmittel für Einbau der Verrohrungen usw., sowie auf die verschiedenen Bauarten der Bohrtürme einzugehen.

## Über Fangarbeiten, Schiefbohren und Lotapparate.

Unfälle bei der Bohrarbeit, die durch Brüche im Bohrmaterial, durch Nachfall, Klemmungen usw. hervorgerufen werden, lassen sich durch Wahl zweckmäßiger Apparate und sachkundige vorsichtige Arbeit sehr einschränken, aber nicht gänzlich vermeiden. Meist lassen sie sich mittels des Bohrgestänges selbst beseitigen unter Anwendung von Fängern, die zum Teil von vornherein vorgesehen werden müssen, zum Teil in der Bohrschmiede anfertigbar sind. Reicht das Bohrgestänge nicht mehr aus, so wird ein besonderes Fanggestänge erforderlich, das sowohl Anwendung großer Zugkraft durch Flaschenzug oder Hebewinden gestatten, als starker Verdrehung gewachsen sein muß, um Gestänge, Bohrstücke usw. im Bohrloch abschrauben zu können. Es besteht aus starken massiven oder hohlen, verschraubten Stangen, deren Verschraubungen häufig gesichert werden, um nach beiden Richtungen damit drehen zu können. Gute Wirkung gibt bei Bohrunfällen häufig auch das beim Rotationsbohren u. zw. mittels des Bohrgestänges angewendete Fräsen mittels besonderer, bei jeder Rotationsbohrung vorgesehener Fräser. Häufig wird übrigens an steckengebliebenen Bohrstücken, die sich nicht oder nur mit großem Zeitaufwand wiedergewinnen ließen, unter Beobachtung der nötigen Vorsichtsmaßregeln vorbeigebohrt. Ebenso wie die Vermeidung, so ist auch insbesondere die Behebung von Bohrunfällen eine Sache, deren rasche und erfolgreiche Durchführung fast ganz von der Erfahrung, Kunst und Geschicklichkeit des Bohrmeisters abhängt.

Eine häufige Ursache von Bohrunfällen ist auch das Schiefbohren, das speziell beim Meißelbohren leicht Klemmungen und Brüche, also schwere Störungen herbeiführt. Ein allmähliches Abweichen von der Vertikalen dagegen wird, speziell bei der rotierenden Bohrarbeit, oft gar nicht empfunden und ist dann gar nicht zu vermeiden. Es dürfte wenige einigermaßen tiefer reichende, stoßend niedergebrachte Bohrlöcher geben, die vollständig lotrecht sind, so daß eine Garantie für die Lage des Endpunktes einer Bohrung gegenüber dem Anschlagepunkt stets nur unter Einschränkung gegeben werden soll. Beim Abbohren der Gefrierbohrlöcher für Gefrierschächte ist darum die Anwendung eines verläßlichen Lotapparates notwendig, wenn man nicht durch unzulässig weit abgewichene Bohrlöcher das Gelingen der Frostmauer und damit der ganzen Arbeit riskieren will.

Beim rotierenden Bohren können nun, wie schon angedeutet, die Abweichungen der Bohrlöcher ungeahnte Dimensionen annehmen, so daß besonders beim Bohren in kleinem Durchmesser die Nachlotung zu einer Notwendigkeit wird, wenn man sich nicht über die richtige Vertikaltiefe, besonders aber über den aus den Kernen ersichtlichen scheinbaren Schichteneinfallwinkel erheblichen Täuschungen aussetzen will. Bei den unverrohrten 2″ weiten Diamant-Tiefbohrungen nach Golderz in Südafrika z. B. wurde in einwandfreier Weise auf 1000 bis 1500 m Tiefe eine Abweichung bis zu 30 $^0/_0$ und eine Richtungsänderung bis zu 55 $^0$ gegen die Vertikale (!) nachgewiesen. Bei mehrfach verrohrten Rotationsbohrungen größeren Durchmessers können ähnlich enorme Abweichungen allerdings nicht eintreten, doch sind auch hier schon sehr nennenswerte Unterschiede gefunden worden. In geschichtetem Gebirge wurden bisher weit größere Ablenkungen konstatiert, als in ungeschichtetem, und merkwürdigerweise waren die Ablenkungen der Rotationsbohrungen um so größer, je flacher die Schichten lagen.

Praktisch erprobte Lotapparate, die schon bis zu 700 m Tiefe gute Resultate gegeben haben sollen, wurden z. B. von Erlinghagen und Gebhardt in Nordhausen konstruiert. Sie beruhen auf Lot- und Pendelmarkierungen auf automatisch bewegten Streifen unter Kompaß-Mitwirkung, werden teilweise elektrisch betätigt, an besonderem unverdrehbaren Lotgestänge eingelassen und gestatten aufeinanderfolgende Lotung in gewissen Tiefenabständen. Die oben erwähnten Abweichungen der südafrikanischen Bohrungen wurden zum großen Teil durch einen dort konstruierten Lotapparat gemessen, der die Ausbildung eines schon in primitiver Anordnung bekannten Systems in vollkommener Weise als elektrisch betätigter Apparat darstellt. Dieser wird am elektrischen Kabel eingelassen und besteht aus einer teilweise mit Paraffin gefüllten Glasröhre, welche vom Leitungsdraht durchzogen ist und auch die Magnetnadel enthält. Durch Einschaltung des Stromes wird das Paraffin flüssig und stellt sich mit horizontalem Spiegel in die Glasröhre ein. Sodann wird der Strom ausgeschaltet, das Parraffin wird wieder starr, arretiert dadurch auch die Nadel und zeigt, aufgeholt, Neigungswinkel und Neigungsrichtung des Bohrloches an der gemessenen Stelle.

Verlag von Julius Springer in Berlin.

**Die Bergwerksmaschinen.** Eine Sammlung von Handbüchern für Betriebsbeamte herausgegeben von Dipl.-Ing. **Hans Bansen,** Berg-Ingenieur, ord. Lehrer an der Oberschlesischen Bergschule zu Tarnowitz.
Bisher erschienen:
Erster Band: Das Tiefbohrwesen. Unter Mitwirkung von Dipl.-Bergingenieur **Arthur Gerke** und Dipl.-Bergingenieur Dr.-Ing. **Leo Herwegen** bearbeitet von Bergingenieur Dipl.-Ing. **Hans Bansen.** Mit 688 Textfiguren. In Leinwand gebunden Preis M. 16,—
Zweiter Band: Gewinnungsmaschinen. Bearbeitet von Dipl.-Bergingenieur **Arthur Gerke,** Dipl.-Bergingenieur Dr.-Ing. **Leo Herwegen,** Dipl.-Bergingenieur Dr.-Ing. **Otto Pütz,** Dipl.-Ingenieur **Karl Teiwes.** Mit 393 Textfig. In Leinw. gebunden Preis M. 16,—.
Dritter Band: Schachtfördermaschinen. Bearbeitet von Dipl.-Ingenieur **Karl Teiwes** und Prof. Dr.-Ing. **E. Förster,** Direktor der Kgl. Maschinenbau- und Hüttenschule in Gleiwitz. Mit 323 Textfiguren. In Leinwand gebunden Preis M. 16,—.
In Vorbereitung befinden sich:
Vierter Band: Die Schachtförderung. Bearbeitet von Dipl.-Ingenieur **Karl Teiwes.** Ca. 20 Bogen mit ca. 400 Textfiguren. In Leinwand gebunden Preis ca. M. 12,—.
(Erscheint im Sommer 1913.)
Fünfter Band: Die Wasserhaltungsmaschinen. Bearbeitet von Dipl.-Ingenieur **Karl Teiwes.** Ca. 20 Bogen mit zahlreichen Textfiguren. In Leinwand gebunden Preis ca. M. 16,—.
(Erscheint voraussichtlich im Herbst 1913.)

**Lehrbuch der Bergbaukunde** mit besonderer Berücksichtigung des Steinkohlenbergbaus. Von Professor **F. Heise,** Bochum, und Professor **F. Herbst,** Aachen.
Erster Band: Zweite, verbesserte und verm. Aufl. Mit 561 Textfiguren u. 2 farbigen Tafeln. In Leinwand gebunden Preis M. 12,—.
Zweiter (Schluß-) Band: Zweite, verbesserte und vermehrte Aufl. Mit 566 Textfiguren. In Leinwand gebunden Preis M. 12,—.

**Der Grubenausbau.** Von Diplom-Bergingenieur **Hans Bansen,** ord. Lehrer an der Oberschlesischen Bergschule zu Tarnowitz. Zweite, vermehrte und verbesserte Auflage. Mit 498 Textfiguren.
In Leinwand gebunden Preis M. 8,—.

**Die Streckenförderung.** Von **Hans Bansen,** Dipl.-Bergingenieur, ord. Lehrer an der Oberschlesischen Bergschule zu Tarnowitz. Mit 382 Textfiguren. In Leinwand gebunden Preis M. 8,—.

**Diamantbohrungen für Schürf- und Aufschlußarbeiten über und unter Tage.** Von **Georg Glockemeier,** Dipl.-Berging. Mit 48 Textfiguren. Preis M. 1,60.

Zu beziehen durch jede Buchhandlung.

Von demselben Verfasser erschien im Verlage der Manzschen
K. u. K. Hof-Verlags- und Universitäts-Buchhandlung in Wien:

Der gegenwärtige Stand
der
## Tiefbohrtechnik für Schurfzwecke.
Nach den Vorträgen
gehalten am 10. und 24. März 1904
im
Österreichischen Ingenieur- und Architekten-Verein zu Wien.
(Berg- und Hüttenmännische Abteilung.)
Mit Textfiguren. — Preis M. 1,—.

Verlag von Julius Springer in Berlin.

**Zwanzig Jahre Fortschritte in Explosivstoffen.** Vier Vorträge gehalten in der Royal Society of Arts in London November-Dezember 1908 von **Oscar Guttmann** (London). Mit 11 Textabbildungen und einer farbigen Tafel. Preis M. 3,—.

**Sprengstoffe und Zündung der Sprengschüsse** mit besonderer Berücksichtigung der Schlagwetter und Kohlenstaubgefahr auf Steinkohlengruben. Von **F. Heise,** Professor und Direktor der Bergschule zu Bochum. Zweite Auflage in Vorbereitung.

**Kompressoren-Anlagen** insbesondere in Grubenbetrieben. Von Dipl.-Ing. **Karl Teiwes.** Mit 129 Textfiguren.
In Leinwand gebunden Preis M. 7,—.

**Einführung in die Markscheidekunde** mit besonderer Berücksichtigung des Steinkohlenbergbaus. Von Dr. **L. Mintrop,** Markscheider, ord. Lehrer an der Bergschule zu Bochum. Mit 191 Textfiguren und 5 lithograph. Tafeln. In Leinwand geb. Preis M. 6,—.

**Zahlentafeln der Seigerteufen und Sohlen** bezw. zur Berechnung der Katheten eines rechtwinkligen Dreiecks aus der Hypotenuse und einem Winkel. Nebst einem Anhang für die Verwandlung von Stunden in Grade. Von Dr. **L. Mintrop,** Markscheider. ord. Lehrer an der Bergschule zu Bochum. Zweite Auflage.
In Leinwand gebunden Preis M. 1,—.

**Hilfsbuch für den Maschinenbau.** Für Maschinentechniker sowie für den Unterricht an technischen Lehranstalten. Von Prof. **Fr. Freytag,** Lehrer an den Technischen Staatslehranstalten zu Chemnitz. Vierte, vermehrte und verbesserte Auflage. Mit 1108 Textfiguren, 10 Tafeln und einer Beilage für Österreich.
In Leinwand gebunden Preis M. 10,—; in Leder gebunden M. 12,—.

Zu beziehen durch jede Buchhandlung.

If you have any concerns about our products,
you can contact us on
**ProductSafety@springernature.com**

In case Publisher is established outside the EU,
the EU authorized representative is:
**Springer Nature Customer Service Center GmbH
Europaplatz 3, 69115 Heidelberg, Germany**

Printed by Libri Plureos GmbH
in Hamburg, Germany